国家自然科学基金区域联合基金重点项目(U22A20165)
国家自然科学基金面上项目(52174089、52474160)
国家自然科学基金青年科学基金项目(52304082 、52304106)
新疆维吾尔自治区重点研发任务专项项目(2023B01010-1)
山东省重点研发计划重大科技创新工程(2024CXGC010322)

泥质软岩巷道锚固结构水化失稳机理

李桂臣　荣浩宇　孙元田　何风贞　著

中国矿业大学出版社
· 徐州 ·

内容提要

本著作围绕水化损伤作用下泥质巷道围岩锚固结构承载性能这一关键科学问题，采用实验室试验、理论分析、数值模拟等手段，主要分析了典型泥岩吸水特征及其影响因素，建立了富水条件下泥质岩体长时变形的力学模型，并从宏观、细观、微观三个尺度归纳总结泥质巷道围岩锚固结构变形破坏特征，揭示了水-岩相互作用下泥质围岩锚固结构弱化失稳机制。全书内容丰富、层次清晰、论述得当，具理论性、先进性和实用性。

本书可供采矿工程、岩土工程等领域的科研、工程技术人员参考使用。

图书在版编目(CIP)数据

泥质软岩巷道锚固结构水化失稳机理 / 李桂臣等著.
徐州：中国矿业大学出版社，2025. 2. — ISBN 978-7-5646-6637-8

Ⅰ. TD263.5

中国国家版本馆 CIP 数据核字第 2025A6S620 号

书　　名　泥质软岩巷道锚固结构水化失稳机理
著　　者　李桂臣　荣浩宇　孙元田　何风贞
责任编辑　王美柱
出版发行　中国矿业大学出版社有限责任公司
（江苏省徐州市解放南路　邮编 221008）
营销热线　(0516)83885370　83884103
出版服务　(0516)83995789　83884920
网　　址　http://www.cumtp.com　**E-mail**:cumtpvip@cumtp.com
印　　刷　苏州市古得堡数码印刷有限公司
开　　本　787 mm×1092 mm　1/16　**印张** 8.75　**字数** 224 千字
版次印次　2025 年 2 月第 1 版　2025 年 2 月第 1 次印刷
定　　价　45.00 元

前　言

泥质软岩分布十分广泛，约占全球沉积岩的50%，是在水利水电、隧道桥梁、道路建设、煤矿开采等工程中较为常见的施工对象之一。在煤矿巷道中，泥质软岩呈现松散破碎、风化易崩解、遇水易膨胀、承载强度低等特点，尤其是在水-岩相互作用下泥岩极易产生大变形失稳破坏，从而导致巷道围岩变形严重、支护结构失效等问题。此外，在水环境影响下围岩与锚固剂、锚固剂与支护体之间的黏结界面弱化失效，导致围岩锚固结构整体承载性能下降，从而诱发工程灾害。由锚杆/索、锚固剂等黏结材料与围岩共同组成的锚固结构是维护泥质软岩巷道安全稳定的重要保障，锚固结构的损伤破坏情况与规律直接决定了巷道围岩的安全稳定。

本书以典型泥质软岩巷道为工程背景，围绕水化损伤作用下围岩锚固结构承载特性这一关键科学问题，综合采用实验室试验、理论分析、数值模拟等手段，开展了典型泥岩物理力学性质测试与吸水试验，得到了典型泥岩吸水规律，分析了黏土矿物含量、类型及岩样其他物理性质参数对泥岩吸水过程的影响；针对水化作用对泥质岩体渗流-应力耦合过程的影响机理进行了系统研究，分析了水化作用与渗流-应力耦合的相互影响机制，揭示了考虑水化作用和渗流-应力耦合的泥质岩体长时变形机理，建立了适用于富水条件下泥质岩体长时变形的力学模型；并基于宏观（不同含水率下软岩锚固单体加载试验、不同含水率下泥岩锚固试样直剪试验与界面劈裂试验）、细观（不同含水率下软岩锚固单体加载及不同含水率下泥岩锚固试样直剪颗粒流模拟）和微观（泥岩锚固试样SEM扫描试验与纳米压痕试验）尺度，研究了不同含水率下软岩锚固单体变形破坏规律、声发射特征以及锚杆轴力分布特征，进一步探讨了不同含水率下岩石-锚固剂结构直剪特性、声发射特征以及界面黏结性能，并分析了岩石-锚固剂结构微观结构特征和力学性质随含水率演化规律，揭示了水化损伤作用下泥岩锚固结构弱化失稳宏-细-微观机制。

本书以国家自然科学基金区域联合基金重点项目“富水深井掘采空间垮堵机理与救援通道快速构建基础研究”（U22A20165）、国家自然科学基金面上项目“多因素耦合作用泥质巷道围岩锚固体性能强化控制机理”（52174089）和“快掘煤巷复合顶板锚固结构应力时空演化与稳定承载机理”(52474160)、国家自然科学基金青年科学基金项目“水化作用下泥质软岩锚固结构多尺度力学响应与失稳机制研究”(52304082)和“循环扰动微纳浆材改性煤岩体损伤劣化多尺度链动机理研究”(52304106)、新疆维吾尔自治区重点研发任务专项项目“弱胶结地层矿井透明地质保障体系与关键技术”(2023B01010-1)、山东省重点研发计划重大科技创新工程“深部煤巷掘支安全高效防护材料与装备研发及示范”(2024CXGC010322)为依托,对泥质软岩巷道锚固结构水化失稳机理等内容开展系统研究,以期为实现水作用影响下泥岩巷道的安全控制提供理论支撑。

在本书撰写过程中得到了多位专家的关心和支持,他们提出了宝贵的意见和建议。本书在写作过程中参考了很多专家学者的文献资料,还引用了一些前人的研究成果,可能未完全标出,在此向所有文献资料的作者表示感谢和敬意。许嘉徽、李菁华、杨森、郝浩然、邵泽宇、沃小芳、田博文、卫英豪、崔光俊等研究生参与了全书的资料收集、文字校对及图表绘制工作,在此表示感谢。

由于作者水平所限,书中难免有疏漏和欠缺之处,敬请读者批评指正。

著　者

2024 年 11 月

目　录

第1章　绪论 …… 1
1.1　研究背景 …… 1
1.2　国内外研究现状与进展 …… 2

第2章　泥岩吸水特征及影响因素分析 …… 9
2.1　典型泥岩吸水试验 …… 9
2.2　泥岩吸水影响因素分析 …… 17

第3章　水化泥岩长时变形力学响应特性 …… 22
3.1　水化泥岩渗流-应力耦合过程影响分析 …… 22
3.2　水化泥岩长时变形力学机理 …… 25
3.3　水化泥岩长时变形力学模型 …… 26

第4章　泥岩锚固单体宏观水化失稳特性 …… 32
4.1　试验方案 …… 32
4.2　不同含水率下锚固单体试样力学特性 …… 36
4.3　不同含水率下锚固单体声发射特征 …… 42
4.4　不同含水率下锚杆轴力分布及演化规律 …… 50
4.5　含水率影响下锚固单体失稳机制 …… 52

第5章　围岩-锚固剂结构直剪特征 …… 54
5.1　试验方案 …… 54
5.2　不同含水率下泥岩锚固试样剪切力学特性 …… 57
5.3　不同含水率下泥岩锚固试样声发射特征 …… 61
5.4　不同含水率下岩石-锚固剂界面抗拉特性 …… 67
5.5　岩石-锚固剂结构水化损伤模型建立 …… 69
5.6　水作用下围岩-锚固剂结构失效机制 …… 74

第6章　泥岩锚固结构水化损伤细观力学特性 …… 76
6.1　模拟方案 …… 76

6.2　不同含水率下泥岩锚固单体加载变形破坏特性 …… 83
6.3　含水率影响下泥岩锚固试样直剪变形破坏特性 …… 91

第 7 章　岩石-锚固剂结构微观力学特性 …… 100
7.1　纳米压痕试验原理 …… 100
7.2　试验方案 …… 102
7.3　泥岩锚固试样微观结构特征 …… 104
7.4　泥岩锚固试样微观力学性质 …… 107
7.5　围岩-锚固剂结构失效微观机制 …… 121

参考文献 …… 123

第1章 绪　论

1.1 研究背景

泥岩、泥质砂岩等泥质软岩广泛分布于我国地层中，是煤矿巷道、输水隧洞等地下工程中较为常见的岩体。不同于一般软岩，泥质软岩富含大量如蒙脱石、高岭石等具有强吸水性、强膨胀性的不稳定黏土矿物，内部存在较多孔洞、裂隙等天然缺陷，致使该类岩体具有承载能力低、遇水易软化崩解的特点。且由于成岩时间晚，内部矿物组分间胶结强度低，岩体对外部环境扰动具有高敏感性。因此弱胶结岩体开挖后，其变形能力强，围岩扰动范围大，支护控制难度高，为地下工程建设与安全维护带来巨大挑战[1-2]。

天然岩层赋存的地质环境是一个由应力场、渗流场、温度场以及化学场共同组成的多场耦合环境，如图1-1所示。而对于目前多数地下工程建设活动，如煤炭开采、隧道开挖等，温度场与化学场对其影响较小，主要受应力场与渗流场变化的影响[3-4]。一方面，地下水含有众多矿物离子，实质上属于成分复杂的化学溶液，会与岩体、支护构件内不同矿物和材料成分发生化学反应，对岩体及支护材料造成腐蚀，并使岩体宏观、细观及微观结构均发生变化，从而导致承载结构的力学性质受到削弱。另一方面，地下水会通过孔隙水压改变岩石颗粒的受力状态，并影响岩体内裂隙等结构面的扩展，从而导致岩体内应力场分布发生改变。同时，应力场分布的变化会影响岩体内裂隙、孔洞等细观结构的力学状态，以及承载体内各结构间的耦合效果，进而对岩体的渗透性造成影响。因此，这种相互影响构成了应力场与渗流场对围岩承载结构的耦合控制作用。

目前，我国的能源赋存特征决定了今后相当长时期仍是以煤炭为主导能源[5-6]，因此确保煤炭资源开采的安全高效至关重要。而受赋存条件制约，煤炭开采过程中水（施工生产用水、地下渗流水、环境湿度等）的影响难以回避，当巷道穿过或布置在泥质软岩地层中时，水是影响巷道围岩锚固结构稳定性的主要因素之一。如不能采取有效的支护与控制措施，围岩遇水后结构完整性、承载能力与可锚性能会迅速降低，围岩与支护材料间的耦合能力削弱，从而导致巷道围岩锚固结构整体失稳，进而诱发工程灾害[7-8]。根据不完全统计，我国每年的煤矿巷道事故中，由地下水侵蚀围岩锚固结构而引发的冒顶片帮等安全生产事故多达20起以上，极大地影响了煤矿的安全生产。因此，深入开展水作用下泥质软岩锚固结构弱化失稳机制研究，为进一步实现巷道安全控制提供科学依据，对于保障煤炭资源的安全高效开采有着极其重要的理论意义和实践指导价值。

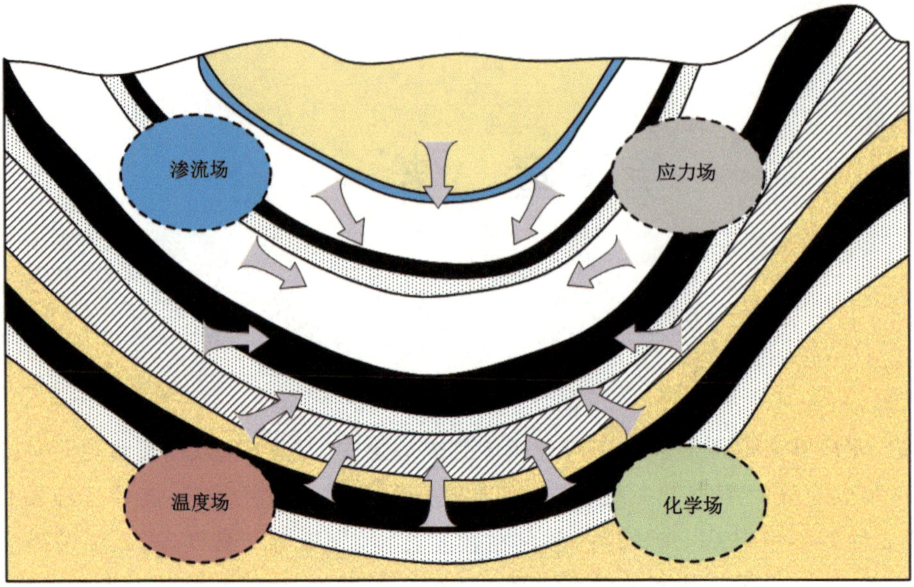

图 1-1　岩层赋存环境

1.2　国内外研究现状与进展

1.2.1　软岩力学性质

弱胶结岩体一般由黏土矿物、碎屑矿物以及裂隙孔洞等构成，其力学性质与矿物成分以及不同矿物颗粒间胶结强度有关。由于黏土矿物在泥质软岩矿物组分中占较高比例，且矿物颗粒间胶结以泥质胶结为主，而硅质、铁质以及碳酸盐等胶结物较少，岩石强度低，遇水极易发生泥化崩解现象。目前，国内外学者针对泥质软岩的基本物理性质、动静力学响应、本构关系及崩解特性进行了大量研究，并取得了众多成果。

国内外学者针对泥质软岩的矿物组分、化学属性、多尺度结构特征等基本性质进行了定性与定量研究。谌文武等[9]对灰绿色与红色泥岩的矿物组分以及岩石颗粒级配等物理性质进行了研究，发现灰绿色泥岩具有更好的级配，且二者强度均会受含水率影响。陈子全等[10]研究了北疆地区不同赋存深度泥岩的粒径级配、矿物成分、纵波波速等物理性质，结果表明，岩体强度及稳定性受内部矿物颗粒间的胶结性质制约。李回贵等[11]通过单轴、三轴等试验手段，对弱胶结砂岩的密度、波速等物理力学参数进行研究分析，结果表明，弱胶结砂岩内部胶结物少于其矿物成分的 30%，宏观结构松散，沿颗粒物表面发生张拉破坏为该类岩石的主要破裂形式。孙利辉等[12]选取鄂尔多斯盆地典型矿区内弱胶结岩石，分析总结其物理参数和崩解特征，研究发现西部矿区采场导水裂缝带高度增大的主要因素是弱胶结岩石的强崩解性。Delage[13]通过电镜扫描及压汞试验对黏土矿物微观结构进行分析，研究表明，骨料颗粒、粒间孔隙以及骨料内孔隙共同构成黏土矿物微结构。Yu 等[14]针对弱胶结粉砂岩开展了电镜扫描及力学试验，结果表明，弱胶结粉砂岩成岩时间晚、胶结程度差、岩石力学强度低是影响该类岩体工程稳定性的主要因素。宋朝阳等[15]通过总结弱胶结类岩石微细观结构现有研究成果，发现其内部颗粒间接触在受载条件下会经历连续、连续向离散过度、持续接触及散体颗粒流动四个阶段。Gautam 等[16]研究了泥质软岩在自然环境下的崩解行为，发现其崩解率主要受黏土含量、孔隙率和塑性特征影响。He 等[17]基于密度泛函理论对高岭石的原子和电子结构进行了研究，研究发现高岭石中阳离子和氧离子之间的化学键主要为离子键。李桂臣等[18]基于离散元理论研究了软弱泥岩水化损伤特性，发现黏土矿物含量的增加会使泥岩单轴抗压强度与弹性模量劣化，二者间符合指数小于 0 的幂函数关系。

国内外学者在物理性质研究的基础上，针对泥质软岩的力学强度、变形破坏特征等对其动静力学响应进行了研究。许宏发[19]利用单轴压缩试验对泥质板岩的强度和弹性模量的时间效应进行了研究，根据岩石强度、弹性模量随时间变化损伤劣化规律，构建了软岩弹性模量与时间的函数关系。Charalampidou 等[20]对泥质软岩三轴压缩过程中内部剪切带与压实带特征进行了研究，结果表明，剪切带和压实带主要由压缩过程中岩石颗粒的破碎（损伤）和内部孔隙率的降低（压实）所致。邓华锋等[21]通过一系列三轴加卸载试验，发现典型软岩三轴压缩应力-应变曲线不存在明显峰值点，岩样破裂后会通过剪切面间摩擦来继续承载外部应力。郭富利等[22]通过试验模拟不同围压与饱水时间下软岩赋存环境，对其力学性质变化进行研究，发现软岩内部亲水矿物吸水膨胀导致岩石内部应力分布不均是软岩工程围岩强度降低的主要原因之一。赵永川等[23]对西部弱胶结岩石开展了三轴循环加卸载试验，研究表明应力路径与岩石颗粒粒径对弱胶结岩石塑性应变能与变形特征具有显著控制作用。曾鹏等[24]在软岩单轴压缩声发射试验的基础上，分析了试验过程中不同声发射信号频段占比，研究表明，软岩破坏各阶段可由声发射信号频段占比分布准确表征。刘新荣等[25]利用单轴、三轴试验并结合颗粒流模拟软件 PFC 对不同干湿循环次数下泥质砂岩力学性质进行研究，结果表明，泥质砂岩细观结构会随干湿循环次数的增加经历整齐致密—多孔团絮—开裂紊流三个阶段。

随着地下隧道、矿产资源开采等越来越多的地下工程涉及泥质软岩控制问题，国内外学者纷纷针对复杂条件下泥质软岩本构关系展开研究。Wang 等[26]开展了中国西部泥质软岩在不同温度下的冲击试验，通过对 Z-W-T 本构模型进行改进，建立了考虑损伤效应、温度效应和应变率效应的泥质软岩动力本构模型。王宇等[27]、陈卫忠等[28]开展了现场泥岩三轴流变试验及加卸载试验，研究表明，时间以及泥岩所处应力水平对其蠕变速率存在耦合控制作用，并提出泥岩非线性经验幂函数型蠕变模型。Xiong 等[29]在传统弹塑性模型基础上，引入线性热膨胀系数来描述温度效应，建立了基于临界状态的软岩热弹塑性模型。Liu 等[30]基于泥质软岩三轴蠕变力学特性，利用 Abel 阻尼建立了描述泥质软岩分阶段蠕变行为的四元分数蠕变模型，通过信赖域算法获取模型参数，模型能够准确反映泥质软岩的完整蠕变行为。Wang 等[31]利用多元回归分析、人工神经网络等不同非线性模型对弱胶结岩石单轴抗压强度进行预测评价，研究表明自适应神经模糊推理系统可有效预测弱胶结岩石单轴抗压强度。刘开云等[32]通过将 Bingham 模型与非线性应变触发黏壶元件串联，并引入岩石力学参数的衰减规律，建立了软岩非线性黏弹塑性流变本构模型，研究发现软岩流变指数增大，软岩的加速蠕变速度也随之增大。赵光明等[33-34]通过将 Z-W-T 本构模型中非弹性弹簧替换为损伤体来表征软岩材料本身缺陷，利用 2 个 Maxwell 体描述软岩不同应变率下的塑性变形响应，构建了软岩黏弹性统计损伤模型。孟庆彬等[35]基于裂纹体积应变模型，通过研究泥质软岩峰前损伤演化规律和峰后破裂特性随等效塑性应变演化规律，构建了弱胶结岩石扩容大变形本构模型。

泥质软岩遇水易泥化崩解是影响该类岩体工程安全性的重要特性，国内外学者针对该特性开展了大量研究。刘长武等[36]采用 X 射线衍射等多种测试手段从微观结构及矿物组成等方面对泥岩力学性质开展研究，并结合泥岩遇水宏观力学特性变化，揭示泥岩泥化崩解机理。周翠英等[37-38]针对红层砂岩等泥质软岩开展了一系列饱水试验，研究发现水岩作用过程中离子交换吸附机制、亲水黏土矿物膨胀崩解机制、水岩微观相互作用机制对该类岩石软化起主导作用。左清军等[39]对白垩系弱胶结砂岩开展了静态与动态耐崩解试验，结果表明，弱胶结砂岩主要沿矿物颗粒胶结面、节理裂隙面与内部微损伤区域崩解，且其动态崩解指数整体高于静态崩解指数。苏永华等[40-42]基于软岩渐进崩解试验，研究发现软岩膨胀崩解呈现多重分形特征，崩解碎屑粒径随崩解过程达到一定程度后不再变化。黄明等[43]根据不同水环境下泥质页岩循环崩解试验，建立了泥质页岩崩解碎屑粒径与崩解次数的函数关系，研究发现酸性水环境会增大岩石循环崩解过程中岩石颗粒累积的表面能，加速岩石崩解。

1.2.2 水岩作用机理

水对岩石的软化损伤主要通过物理化学作用以及力学作用。物理化学作用主要表现为水侵入岩体后会改变岩体结构面中充填物的物理形态，并会与亲水黏土矿物发生化学反应，水渗入岩体内部矿物结晶格架中以及水分子附着于可溶性岩石离子上，使岩石宏观-细观-微观多尺度下结构发生改变。水对岩石的力学作用主要通过孔隙水压来影响岩石颗粒间黏结能力，进而影响岩体变形过程中内部裂隙孔洞等结构面的发展。且当巷道硐室开挖后，受开挖卸荷效应影响围岩裂隙发育并沟通地下水，巷道自由面为地下水提供排泄通道，在周边空间形成渗透压力梯度，对岩石施加了切向力。乔丽苹等[44]开展了不同水环境下砂岩物理化学损伤试验，研究砂岩孔隙率变化与内部矿物蚀变，结果表明，水流作用导致的岩石内部颗粒、胶结物扩散迁移是影响砂岩力学性质的主要因素。郭宏云等[45]基于天然与干燥深部软岩有压吸水以及无压吸水条件下强度劣化试验，研究发现岩石浸水软化的主要原因为岩石内黏土矿物颗粒较高的表面能会促进矿物溶蚀及离子交换作用，进而产生次生作用。周翠英等[46]指出泥质软岩骨架颗粒间摩擦接触包含直接与间接摩擦接触，而水对岩石的侵蚀弱化作用主要通过削弱骨架颗粒与黏土矿物间的接触力以及骨架颗粒间的摩擦力。Zhou 等[47]通过对水库水位不同波动周期下岸坡岩石孔隙结构进行观测，研究发现岩石在 12 个周期内孔隙率与平均孔隙半径分别增加了 26.59%、43.32%，岩石内部孔隙形状在水岩作用下由扁变细。孟祥喜[48]利用核磁共振与 RFPA 数值模拟研究不同浸水条件下砂岩孔隙结构特征，研究发现，砂岩 T_2 图谱随着浸水时间的增加会向左移，岩石孔隙数量增多，内部孔隙不断萌生扩展。

围绕水对岩石强度的弱化作用，国内外学者开展了较为丰富的研究[49-53]。在单轴抗压强度、抗拉强度及剪切强度方面，姚强岭等[54-55]开展了不同含水率下岩石单轴压缩及直剪试验，研究水作用下岩石强度损伤特征，结果表明，水作用会减弱岩块间的黏结作用，使岩样强度、力学参数发生劣化。黄智刚等[56]研究了泥质板岩单轴抗压强度、泊松比和弹性模量在吸水软化过程中随吸水时间变化关系，并利用核磁共振研究了泥质板岩软化过程中孔隙演化过程。Hashiba等[57-58]对花岗岩、凝灰岩分别进行了干燥、饱水条件下抗压与抗拉试验，研究表明饱水条件下岩石应力-应变曲线比干燥条件下具有较低的初始斜率和较低的峰值，并在峰前阶段呈现较强的非线性特征。Karakul等[59]利用P波测试对不同含水状态下P波速度(V_P)进行了研究，研究发现随含水状态的不同，V_P会呈现不同变化趋势(增大或减小)。Luo等[60]对三峡水库地区典型砂岩进行不同干湿循环下单轴压缩试验，研究发现岩石强度会随干湿循环次数的增加先大幅降低而后趋于稳定，砂岩微结构由致密变为疏松多孔。Yao等[61]以砂岩为研究对象，利用不同离子浓度水溶液对其进行干湿循环试验，研究发现砂岩抗压与抗拉强度随水中离子浓度的增加而不断降低。沈荣喜等[62]对干燥和饱水砂岩在单轴压缩过程中裂纹扩展与电磁辐射信号间的关系进行了研究，发现在加载前期水对电磁辐射信号有强化作用，而在中后期则相反。刘建等[63]研究了不同酸碱度水溶液对砂岩单轴抗压强度的影响，研究表明水溶液中离子浓度以及酸碱度的增加均会弱化砂岩的强度。尤明庆等[64]对饱水条件下不同尺寸圆盘及圆环岩石试件进行巴西劈裂试验，结果表明，饱水岩石抗拉强度降低主要原因为水对岩石内部黏结力的削弱。陈光波等[65]进行了不同浸水时间下煤岩组合体试样单轴压缩试验，煤岩组合体的抗压强度与弹性模量会随浸水时间的增加而降低，并呈现劣化速度先增大后减小的变化趋势。牛钦环[66]通过对不同含水率下煤样进行直剪试验，并以红外特征参数AIRT描述剪切过程，研究发现水化损伤的增加使煤样在加载过程中能量的释放速率显著降低。

围绕水对岩石三轴强度的弱化，邓华锋等[67]开展了不同干湿循环次数下断续节理岩样三轴试验，研究发现断续节理岩样力学参数在水岩作用下会显著劣化，且劣化趋势呈先剧烈而后趋于平缓，且劣化效应随节理倾角变化存在明显差异，其中以节理倾角为0°和90°条件下试样劣化程度最高。苗胜军等[68]以干燥及不同酸碱度水环境下花岗岩为研究对象，开展了一系列单轴、三轴加载试验，研究发现花岗岩单轴与三轴抗压强度会随水流速度以及水环境酸性的增强而降低，且变形破坏特征呈现由脆性向延性转变的趋势。冯陌研等[69-70]对不同干湿循环下砂岩三轴试验过程中内摩擦角与干湿循环次数的关系进行了研究，研究发现随循环次数增加内摩擦角呈指数降低，可降低至自然状态的84.6%。王文等[71-73]以自然与饱水煤样为研究对象，利用真三轴动静载霍普金森杆进行动静组合加载试验，结果表明，水会充填于煤样孔隙中并易于促进煤样损伤发育，导致煤样动态强度明显降低。Lu等[74]、Dou等[75]基于纳米压痕测试，对浸水处理条件下岩石力学响应进行分析，研究发现即使在低压环境下水也可有效软化岩石。Zhang等[76]测试了不同含水率下煤样三轴压缩变形破坏特征，结果表明，含水率的增加会强化煤的塑性变形特征，使煤丧失结构完整性并导致煤样内聚力降低。

1.2.3 巷道围岩锚固结构失稳破坏机制

锚杆支护于1956年首次在我国煤矿岩巷中进行试用，并于80年代逐渐得到较为广泛的应用[77-78]。锚杆支护方式具有承载性能高、便于操作、经济高效等优点，如今我国煤矿已形成了以锚杆(索)为支护主体并结合多种支护方式的巷道围岩稳定控制技术。围岩锚固结构主要由岩体-锚固剂-锚杆(索)支护构件组成，其受力状态复杂，稳定性影响因素众多，如锚杆(索)材料与施工质量、围岩岩性与破碎程度、围岩应力状态、水的侵蚀作用等。根据锚固结构失效部位不同，一般将锚固结构破坏形式分为五类[79-80]：锚杆(索)杆体破断、杆体-锚固剂界面脱黏失效、锚固剂破碎、锚固剂-围岩界面脱黏失效、围岩整体性脱出，如图1-2所示。锚固结构的承载性能影响着巷道的变形破坏程度，因此揭示锚固结构失稳破坏机制是维护巷道安全稳定的关键基础。

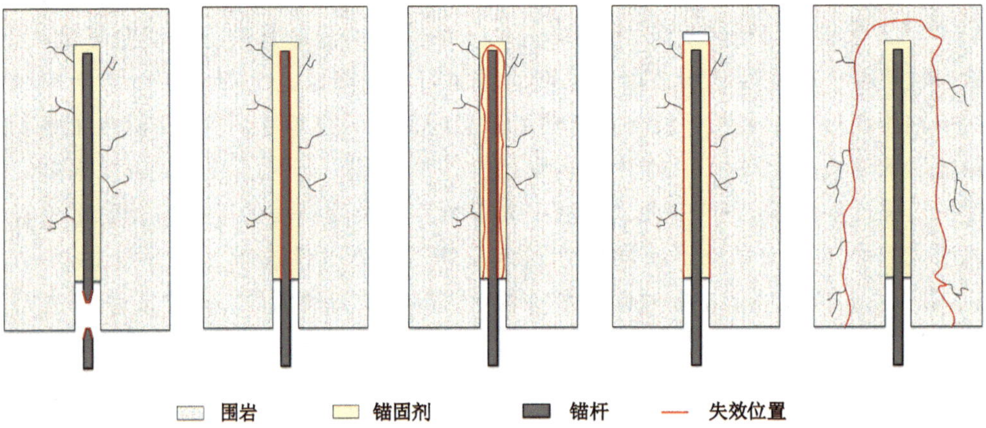

图 1-2　锚固系统失效形式

康红普等[81]利用UDEC模拟软件对超千米深井岩巷锚固结构受力以及失稳破坏特征进行了研究，结果表明，锚杆(索)预紧力的损失会削弱锚固结构的承载能力，进而影响巷道围岩稳定性。靖洪文等[82-83]通过相似模拟结合PFC模拟对矩形煤底岩巷锚固结构失稳全过程进行了研究，结果表明锚固结构的失效受锚固岩体的应力显现影响，并指出锚固端围岩破坏是锚固结构失稳的根本原因。黄炳香等[84]针对深部采动影响下巷道锚固结构流变失稳现象进行了研究，发现围岩在结构效应下反复破裂会导致锚杆的握裹力不断降低，进而使锚杆逐渐丧失对围岩变形的约束，导致锚固系统整体渐进失效。张农等[85]、李桂臣[86]针对软弱夹层顶板巷道锚固结构稳定性开展了研究，发现软弱夹层的层位和厚度对锚固结构承载性能具有显著影响，当软弱夹层层位在锚杆锚固区边缘时，锚固结构安全状况最差。李怀珍[87]对煤巷锚固结构失稳机理进行了研究，结果表明，锚固结构的承载能力受到锚固长度、外部载荷以及围岩性质制约，围岩可锚能力低下将导致岩石-锚固剂界面抗剪强度的衰减。高强等[88]、周小平等[89]采用理论分析的方法对深部巷道开挖后锚固结构受力状态及围岩破裂形式进行了分析，结果表明，开挖卸荷效应导致的岩体分区破坏是诱发锚固结构变形失稳的重要原因。尤春安等[90]对锚固体内锚固端界面受载条件下变形特征与失效机制进行了研究，结果表明，锚固体解耦失效过程分为弹性变形、滑移变形、脱黏错动三个阶段，根据应力-应变曲线形式可分为稳定失效与不稳定失效。吴拥政等[91-92]围绕高强锚杆杆体易断裂问题展开研究，结果表明，材料与加工质量会影响锚杆的强度，而锚杆易破断的主要影响因素是锚杆的工作环境及受力状态。庞冬冬等[93]、肖同强等[94]基于深部构造应力区煤巷围岩锚固结构失稳机制展开研究，研究发现巷道两帮煤体受高构造应力影响易沿顶板滑移，并使肩角处锚杆所受剪力增大，从而导致该处锚杆易发生破断。孔恒等[95-96]针对锚固结构在偏心载荷作用下的力学特性进行了研究，结果表明，偏心载荷导致的锚杆延伸率降低是锚杆发生脆性断裂的主要原因。

煤矿地下开采时常会面临复杂的水文地质环境，如高温高湿、巷道淋水以及围岩泥化等不利开采条件，这往往会造成锚固剂黏结能力的丧失、锚杆（索）腐蚀断裂，进而导致锚杆（索）支护系统失稳并诱发冒顶、片帮等灾害事故。基于此，国内外科研院所对水作用下锚杆（索）腐蚀化学机制、水化腐蚀影响因素、水对锚固剂黏结性能的弱化作用展开了重点研究。

由于我国煤矿所采用锚杆（索）杆体材料一般为金属材料，故水对锚杆的腐蚀实质上是对金属材料的腐蚀。曾宪明等[97]通过对我国各地矿区调研发现，锚杆腐蚀速度受所处地质环境以及使用年限影响，其中干湿交替和浸水条件下腐蚀导致锚杆承载力下降较大；并开展了不同酸碱度下锚杆水溶液腐蚀速度试验，结果表明，酸性溶液对锚杆有着较高的腐蚀速率。汪剑辉等[98]分别对有、无外部载荷条件下潮湿空气以及 Na_2SO_4 溶液对锚杆的腐蚀规律进行了研究。结果表明，外部载荷有着促进酸性溶液对锚杆作用的效果，且载荷越大效果愈加明显。肖玲等[99]通过分别将锚杆置入潮湿空气以及 Na_2SO_4 溶液腐蚀环境中，进行锚杆承载与非承载条件下模拟腐蚀试验，研究发现外部载荷与腐蚀时间的增加会使锚杆承载性能呈倍数降低，严重影响锚杆的使用寿命。Tsutsumi 等[100]、Hadjigeorgiou 等[101]通过采集现场水样，分析其电导率、酸碱度、温度等，发现随着水溶液电导率的增加，水溶液对锚杆的腐蚀性也随之增强，并根据腐蚀形式将锚杆腐蚀分为六类：电偶腐蚀、均匀腐蚀、半均匀腐蚀、局部腐蚀、点蚀以及缝蚀。Aziz 等[102]开展了受轴向、扭转载荷条件下锚杆长期腐蚀试验，发现经腐蚀处理后的锚杆失效强度均显著降低，且点蚀现象易导致锚杆的突然断裂。Graig 等[103]、Wu 等[104]通过模拟矿井地下环境对锚杆进行长期腐蚀试验，研究发现水化学成分的改变会显著影响锚杆腐蚀速率，锚杆受力的增加会加速锚杆的腐蚀，而腐蚀造成的点蚀现象会引起锚杆局部应力集中，进而诱发锚杆断裂。Divi 等[105]对矿井水环境下锚杆腐蚀现象进行了研究，发现当环境温度低于 60 ℃时，温度变化对锚杆腐蚀速度影响较小，而当温度高于 90 ℃时锚杆力学性能会发生严重退化。褚晓威等[106]模拟高矿化度水环境对锚杆进行点蚀试验，锚杆腐蚀过程中表面 MnS 的溶解会导致局部酸化以及阴离子的富集，从而增强相应区域的溶液腐蚀性，进而提高腐蚀速度。付红渊等[107]、王小伟等[108]对预应力锚杆进行了加速腐蚀试验，并研究了试验过程中溶液酸碱度以及 O_2 变化对腐蚀效果的影响机制。结果表明，酸碱度恒定时，锚杆腐蚀速度会随 O_2 浓度的增加呈先增加后趋于稳定的规律。吴赛赛等[109]利用矿井水、煤以及黏土样品模拟井下锚杆所处环境，并开展锚杆腐蚀试验，研究发现，黏土等矿物质对锚杆腐蚀的加速作用主要通过增加溶液内的离子浓度来提高环境腐蚀性。李聪等[110]结合锚杆电化学腐蚀、溶液浸泡腐蚀、盐雾腐蚀试验结果，得到了腐蚀环境中酸碱度、离子浓度、氧浓度以及锚杆受载条件对腐蚀效果影响机制。

不饱和聚酯树脂锚固剂是目前我国煤矿较为常用的锚固剂，具有可调节固化速率、适应性强等优点。而水对锚杆(索)支护系统承载能力的弱化除了对锚杆(索)的腐蚀外，还会损害锚固剂的黏结能力。郑重远等[111]通过将锚固剂试块与锚固力试件置于水中并将水煮沸来加速水的侵蚀，发现锚固剂老化性能会受到水以及水溶液酸碱度的显著影响。勾攀峰等[112]针对钻孔淋水条件下锚杆锚固力变化进行了分析，研究发现游离水会使锚固剂中固化剂部分被溶解，并吸收锚固剂固化反应过程中产生的热量，使聚酯固化反应不完全，并影响锚固剂的充分搅拌，从而导致锚固剂固化后黏结力与强度均降低，进而影响锚杆锚固效果。胡滨等[113]分析了水对锚固剂固化反应过程的影响机制，结果表明，锚固剂固化反应过程中自由基的活性会受水侵蚀而弱化，从而导致固化反应速度降低。同时水的侵入会在锚固剂固化体内形成弱空区，使固化体丧失完整性，进而使锚杆锚固力衰减。薛亚东等[114]开展了水侵蚀下锚杆拉拔以及长锚索锚固试验，结果表明，水会显著削弱锚固剂的黏结强度，并弱化锚固体的强度，使有效锚固长度发生缩减。杨绿刚[115]、何富连等[116]、贾后省等[117]研究发现水会削弱锚固剂的锚固强度，延长锚固剂的凝胶时间。

第 2 章　泥岩吸水特征及影响因素分析

近年来，在矿山开采、城市轨道交通建设等工程中出现软岩、软土难以支护的问题，根本原因在于这类岩土的特殊性质使其遇水后物理力学性能发生破坏性改变。要解决这一关键问题，首先需从泥岩的吸水过程入手，从破坏源头控制工程失稳，找出泥岩吸水的影响因素，并分析其对吸水过程的影响。

2.1　典型泥岩吸水试验

2.1.1　泥岩试样制备

针对泥岩吸水速率衰减特性的分析，分别在安徽、山西、河北等地煤矿井下取黏土矿物类型及含量不同的泥岩岩样（图 2-1），编号为 1#、2#、3#、4#，制成相同标准试件并对其物理性质进行分析。

(a) 1#岩样　(b) 2#岩样　(c) 3#岩样　(d) 4#岩样

图 2-1　泥岩样品

岩样试件的制备是岩石物理力学性质测试必不可少的步骤，一般需将岩石放在钻机上加工成直径为 50 mm 的标准试件。由于泥岩遇水软化等特殊性质，在现场难以取到合适尺寸的岩块，或即便取到合适的岩块，也难以在钻机上加工成标准试件，因此根据文献[118]进行改进，形成图 2-2 所示的不规则易破碎泥岩的取样过程。

取样步骤：

① 用毛刷清除泥岩表面杂质，并涂抹凡士林，防止 A/B 胶进入岩块内，如图 2-2(a)所示。

② 将 A/B 胶以 3∶1 的比例搅拌均匀后倒入塑料盒内，然后把泥岩岩块放置在塑料盒的中部位置（方便取样），一般胶水在 4 h 后即可硬化，如图 2-2(b)所示。

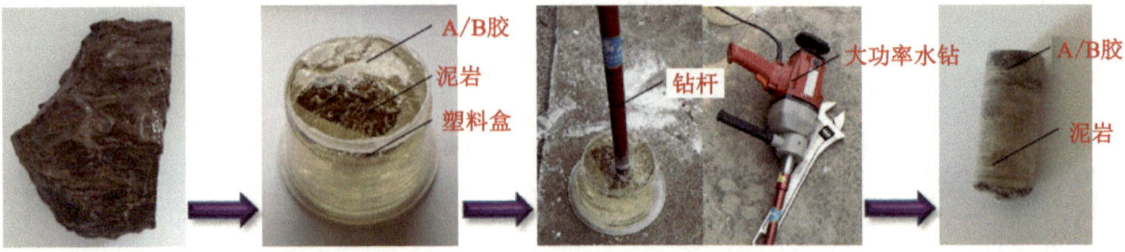

(a) 表面涂凡士林　(b) A/B胶固定　(c) 钻取　(d) 试件

图 2-2　不规则易破碎泥岩的取样

③ 用大功率水钻采用干钻法(不加水)钻取试样,采用外直径为 25 mm 的钻杆垂直于塑料盒表面钻入,如图 2-2(c)所示,钻取后固定胶如图 2-3(a)所示。

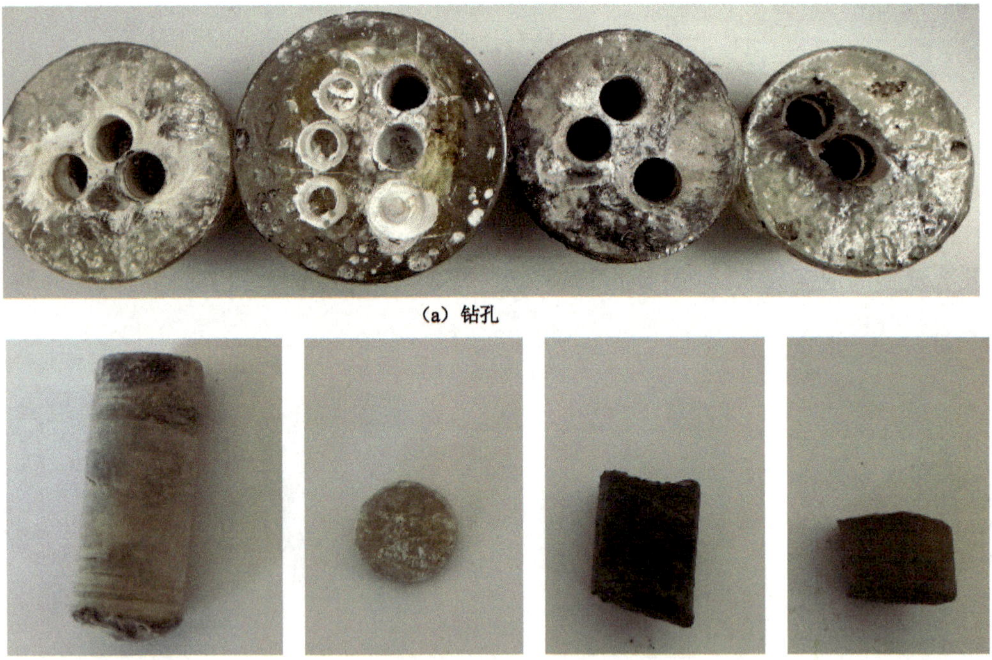

(a) 钻孔

(b) 试件

图 2-3　取样结果

④ 从钻杆中取出试样,如图 2-2(d)所示,将试样上的胶去掉,所取试样如图 2-3(b)所示。用切片机将圆柱形岩样切出一个垂直于轴线的端面,将岩样端面在磨片机上磨平,且使此端面与轴线垂直。

2.1.2　试样基本物理性质

取样完成后(图 2-3),每种样品选取 2 个试件测试其基本物理性质,包括试件的高度、直径、质量、自然含水率,如表 2-1 所示。将剩余岩样磨制成<325 目的粉末进行 XRD 测试并分析其所含矿物成分及含量,如图 2-4 和表 2-2 所示。

表 2-1　试件基本参数

试件编号	试件参数				烘干前后试件质量/g	
	高度 h/mm	直径 d/mm	质量 M_0/g	自然含水率/%	烘干前	烘干后
1-1	18.55	17.02	9.64	0.62	9.64	9.58
1-2	21.20	17.03	12.49	0.56	12.49	12.42
2-1	4.45	17.71	1.92	0	1.92	1.92
2-2	3.24	17.41	1.78	0.56	1.78	1.77
3-1	12.45	17.38	7.14	0.28	7.14	7.12
3-2	22.92	17.27	13.22	0.53	13.22	13.15
4-1	11.78	17.33	7.06	1.42	7.06	6.96
4-2	8.75	17.38	5.36	1.12	5.36	5.30

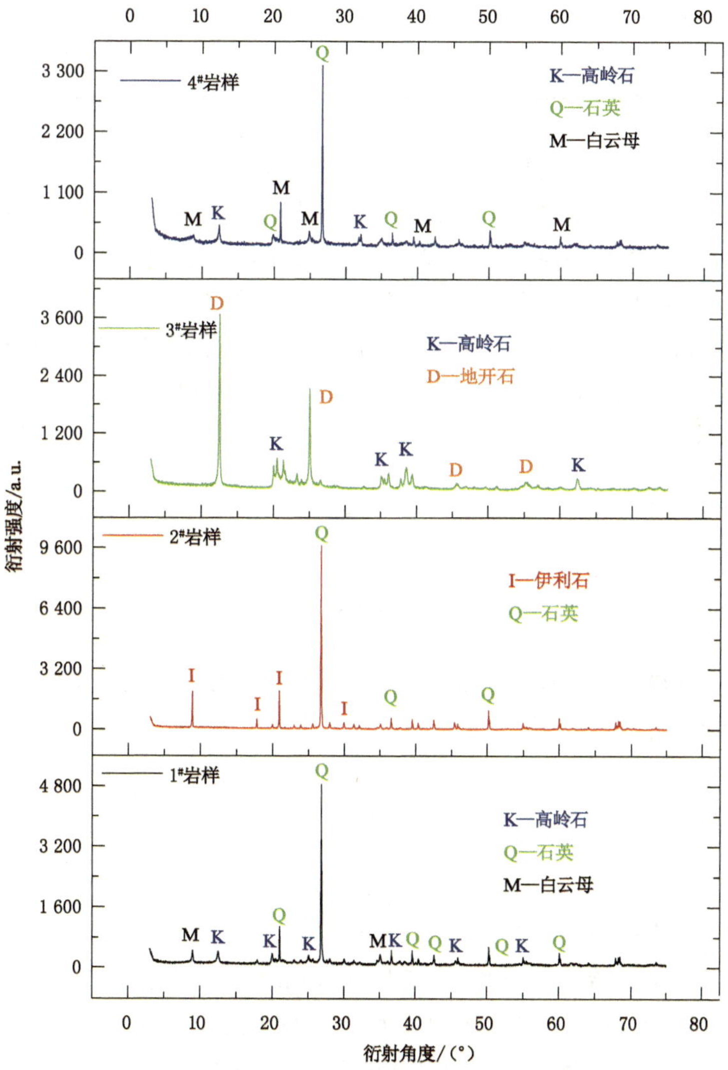

图 2-4　泥岩样本 X 射线衍射图

表 2-2 泥岩矿物成分

岩样编号	矿物成分	RIR 值	强度 I	物相质量分数 W/%	黏土矿物含量/%
1#	白云母	0.20	320	58.53	84.05
	高岭石	0.43	300	25.52	
	石英	2.11	920	15.95	
2#	伊利石	0.44	189	8.61	8.61
	石英	2.11	9 621	91.39	
3#	高岭石	0.43	275	22.33	100.00
	地开石	1.11	2 469	77.67	
4#	白云母	0.20	2 900	94.74	98.07
	高岭石	0.43	219	3.33	
	石英	2.11	622	1.93	

由表 2-1 可知，试件经过钻孔的方式钻出后直径误差在 0.7 mm 以内，但高度及质量相差较大，这会引起一定的尺寸效应；试件的自然含水率差距也较大。1# 试件的平均高度最大，3# 试件次之，2# 试件最小；4# 试件自然含水率最高，1# 试件次之，2# 试件最小。

由图 2-4 可知，4 种泥岩岩样中有 3 种是由黏土矿物和石英组成的，1 种是完全由黏土矿物组成的。利用软件 Jade 6.5 对泥岩样品以半定量的方式计算其所含矿物的物相质量分数，RIR 值、强度 I 通过 ICDD 发表的 PDF 卡片得到，根据式(2-1)计算样品中以某个相（如 A 相）为内标物时每个相（X 相）的 K 值。

$$K_A^X = \frac{\mathrm{RIR}_X}{\mathrm{RIR}_A} \tag{2-1}$$

由式(2-1)可知：

$$K_A^A = \frac{\mathrm{RIR}_A}{\mathrm{RIR}_A} = 1 \tag{2-2}$$

然后根据 K 值和 I 值计算各个相（如 X 相）的物相质量分数 W，如式(2-3)所示，计算结果如表 2-2 所示。

$$W_X = \frac{I_X}{K_A^X \sum\limits_{x=A}^{N} \frac{I_i}{K_A^x}} \tag{2-3}$$

根据表 2-2，4 种岩样中均含有黏土矿物，其中完全由黏土矿物构成的是 3# 岩样，包含地开石(77.67%)和高岭石(22.33%)；4# 岩样的黏土矿物含量也高达 98.07%，主要包含白云母(94.74%)及少量高岭石(3.33%)；1# 岩样含黏土矿物总量为 84.05%，也是由白云母(58.53%)和高岭石(25.52%)构成；黏土矿物含量最少的为 2# 岩样，仅含伊利石(8.61%)。总的来说，1#、3#、4# 样品为高黏土矿物含量的岩石，其中 1#、4# 样品的矿物组成较为相似，均由白云母、高岭石和石英组成，且各成分之间的含量关系一致。2# 岩样为低黏土矿物含量的岩石，石英(91.39%)为该样品的主要矿物成分。

2.1.3　试验过程及结果

(1) 试验过程

泥岩吸水试验所需设备和材料简单，如图 2-5(a)所示，仅需高精度电子秤(精度 0.01 g)、量杯、透水石、配置的溶液及试件五个部分。为还原泥岩在矿井下的吸水过程，试验所需的水是根据矿井水的矿化度配置的溶液。矿井水一般是以硫酸盐和碳酸盐为主的溶液，矿化度一般为 1 000～3 000 mg/L，高矿化度可达 4 000 mg/L[119]。本试验所用溶液由 1 000 mL 去离子水溶解 1 g NaCl、1 g K_2SO_4、1 g $CaCl_2$ 和 1 g Na_2CO_3 制成。

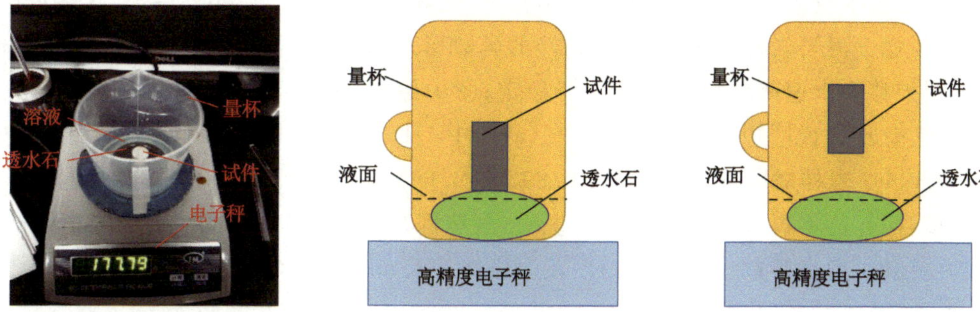

(a) 实物图　(b) 称取总质量 M_i　(c) 称取剩余质量 m_i

图 2-5　试验过程

泥岩吸水试验的测试过程是每隔一定时间 t_i 分别称量一次总质量 M_i 和剩余质量 m_i，分别如图 2-5(b)和图 2-5(c)所示，称取剩余质量时要求用镊子将试件与透水石分开。如在计量第 $i-1$ 次的 M_{i-1}、m_{i-1} 和第 i 次的 M_i、m_i 后，可得出第 i 个时间间隔 t_i 的吸水量 Q_i、含水率 θ_i 及吸水速率 v_i，分别如式(2-4)、式(2-5)、式(2-6)所示，分别给出 Q_i 和 θ_i 是为下文分析黏土矿物尺寸和质量对其吸水的影响。循环 i 次即可得到试件由烘干状态到饱和状态的吸水变化过程。

$$Q_i = (m_{i-1} - m_i) - (M_{i-1} - M_i) \tag{2-4}$$

$$\theta_i = \frac{Q_i}{M_0} \tag{2-5}$$

$$v_i = \frac{Q_i}{t_i} \tag{2-6}$$

测试次数 i(即测试时间)的选择对试验的影响非常大，需测试的 4 种试件选取前 4 个(1-1、2-1、3-1、4-1 试件)时间间隔比较长，按顺序分别为 5 min、10 min、25 min、80 min、120 min、180 min、960 min、480 min、960 min、720 min、720 min，共测 12 个点。需测试的 4 种试件选取后 4 个(1-2、2-2、3-2、4-2 试件)时间间隔比较短，按顺序分别为 10 个 1 min、4 个 5 min、1 个 10 min、1 个 20 min、4 个 60 min、3 个 120 min、1 个 720 min、3 个 240 min、3 个 720 min，共测 31 个点。

这种计算方法不仅可操作性强，还可通过同一时间总质量与剩余质量的称取，完美解决水分蒸发对试件吸水过程的影响问题，达到试验要求的精确性。

（2）试验结果

由式(2-4)、式(2-5)分别得到泥岩岩样的吸水量 Q、含水率 θ 与时间 t 的关系，进而可分析各种岩样的吸水速率变化规律和尺寸效应、黏土矿物含量及种类对泥岩吸水的影响，得出泥岩吸水过程的影响因素。

根据吸水量与时间的关系作出曲线[图 2-6(a)中右图]，并对 500 min 内吸水变化明显的区域进行特别分析[(a)图中左图]；对 x、y 轴以 10 为底取对数得到吸水量与时间关系的特征曲线[图 2-6(b)]，(a)、(b)两图共用一个图例。(a)图中，500 min 前吸水量增加特别快，可达到总吸水量的 80%，吸水速率变化明显，衰减很快；在 1 000 min 后，岩样接近饱和，之后趋于平稳。泥岩岩样吸水符合式(2-7)的函数形式，即负指数函数——刚开始吸水速率快，随时间推移吸水速率减缓至 0 并保持稳定；图中给出的 R^2 为校正决定系数，表示拟合优度，R^2 越接近 1，说明拟合效果越好。在(a)图中 1-1、4-1 岩样的 $R^2>0.95$，说明拟合效果非常好，3-1、4-2 岩样对应的 R^2 分别为 0.895 和 0.661；2-1、2-2、1-2、3-2 岩样数据离散性较大，难以拟合，在此不再分析。以上分析说明，虽然都是泥岩，甚至是同一岩样，其吸水过程具有很大差异。拟合参数 y_1、A_1、c_1、R^2 及泥岩在 500 min、1 000 min 时及饱和吸水量整理至表 2-3。

$$y = y_j + A_j \mathrm{e}^{-x/c_j} \tag{2-7}$$

式中　y_j——初始吸水量；

A_j——振幅；

c_j——衰减常数；

j——编号，1 表示吸水量，2 表示含水率。

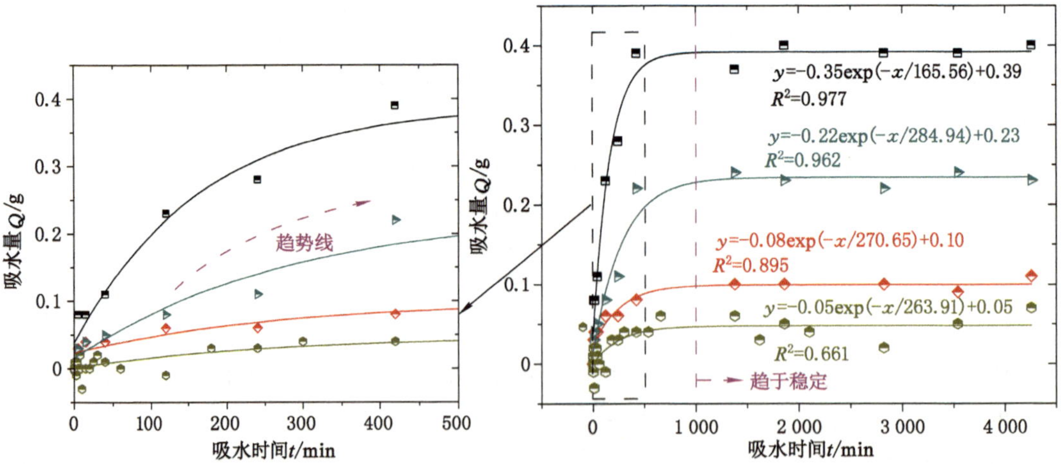

(a) 吸水量Q-时间t曲线

图 2-6　泥岩吸水量与时间的关系

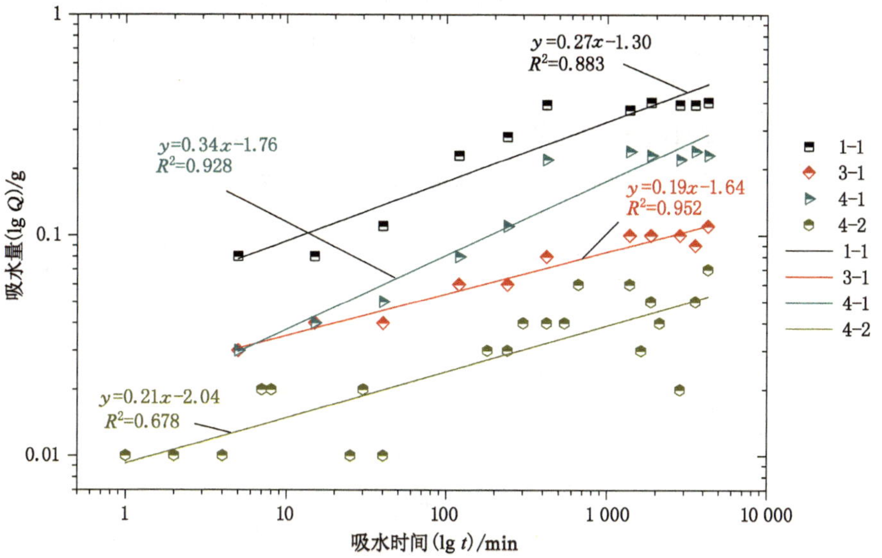

(b) 吸水量Q-时间t特征曲线

图 2-6(续)

表 2-3　泥岩吸水量特征

试件编号	负指数拟合				线性拟合			特征吸水量 Q/g		
	y_1	A_1	c_1	R^2	a_1	b_1	R^2	500 min 吸水量	1 000 min 吸水量	饱和吸水量
1-1	0.39	−0.35	165.56	0.977	−1.30	0.27	0.883	0.39	0.37	0.40
3-1	0.10	−0.08	270.65	0.895	−1.64	0.19	0.952	0.08	0.10	0.11
4-1	0.23	−0.22	284.94	0.962	−1.76	0.34	0.928	0.22	0.24	0.23
4-2	0.05	−0.05	263.91	0.661	−2.04	0.21	0.678	0.04	0.06	0.07

对 x 轴、y 轴以 10 为底取对数得到吸水量与时间关系的特征曲线[图 2-6(b)],并对各样品进行线性拟合,拟合函数如式(2-8)所示。3-1、4-1 样品的 R^2 分别为 0.952 和 0.928,拟合效果较好;1-1、4-2 样品的 R^2 分别为 0.883、0.678。1-1 样品的斜率为 0.27,3-1 样品的斜率为 0.19,4-1、4-2 样品的平均斜率为 0.275;可以发现斜率关系为 4# 试件≈1# 试件>3# 试件,4# 试件与 1# 试件矿物成分(黏土矿物类型)相近,与 3# 试件矿物成分相差较大,这说明黏土矿物类型对吸水量与时间关系特征有很大影响。拟合参数 a_1、b_1、R^2 整理至表 2-3。

$$y = a_j + b_j x \tag{2-8}$$

式中　a_j——初值;

b_j——斜率。

由表 2-3 对负指数拟合参数分析可知,参数越小,同种矿物成分的泥岩试件吸水速率衰减越快,特征吸水量越小;线性拟合参数越大,泥岩试件吸水速率衰减越快,特征吸水量越小。特征吸水量作为泥岩吸水的标的量,为研究提供客观分析指数。

由于试件取样困难，8 个样品虽然在直径上相差很小，但高度和质量差距很大。如试件 3-1、3-2 同为 3# 试件，高度相差 84.10%，质量相差 85.15%；3# 试件的平均高度与 2# 试件的平均高度相差 359.95%，平均质量相差 450.27%。另外，各个试件的自然含水率也相差较大。以上试件尺寸之间的差距对泥岩吸水量的影响很大，因此单纯的吸水量之间不具有可比性，需要引入含水率 θ_i[式(2-5)]再对几个试件进行比较，如图 2-7 所示。

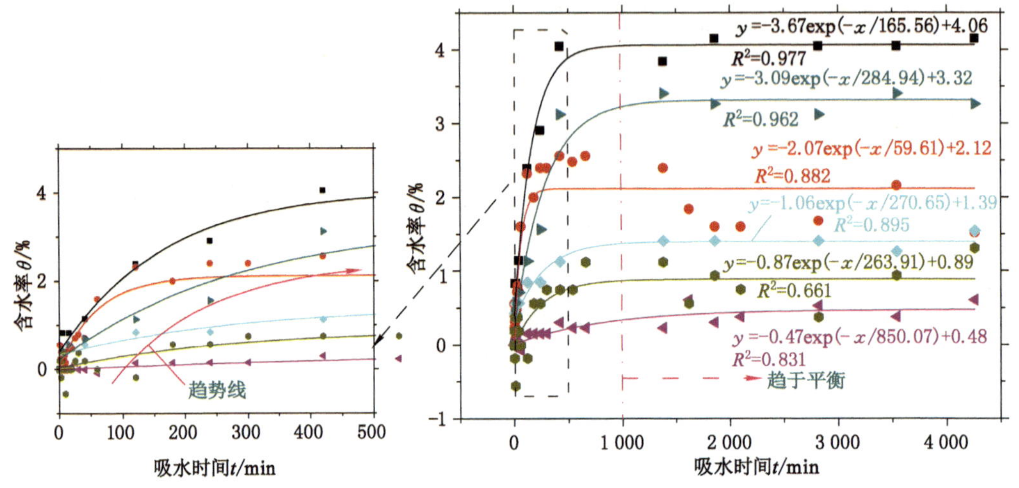

(a) 含水率θ-时间t曲线

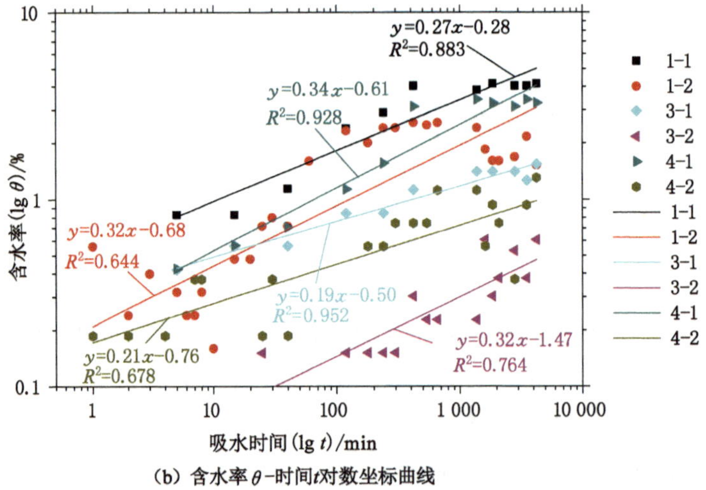

(b) 含水率θ-时间t对数坐标曲线

图 2-7　泥岩含水率与时间的关系

根据含水率与时间的关系作出曲线[图 2-7(a)中右图]，并对 500 min 内的吸水变化明显的区域进行特别分析[(a)图中左图]；对 x、y 轴以 10 为底取对数得到含水率与时间关系的特征曲线[图 2-7(b)]，(a)、(b)两图共用一个图例。与图 2-6 相似，泥岩岩样的吸水过程也是逐渐减缓的，500 min、1 000 min 都是吸水过程的特征点。泥岩岩样吸水同样符合式(2-7)的函数形式，1-1、4-1 岩样的 $R^2>0.95$，说明拟合效果十分接近实际数据，3-1、1-2、3-2、4-2 岩样对应的 R^2 分别为 0.895、0.882、0.831 和 0.661，说明采用含水率作为标的研究泥岩吸水过程可解决 1-2 和 3-2 岩样难以拟合的问题；2-1、2-2 岩样试验数据离散性仍然非常大，说明低黏土矿物泥岩吸水过程不符合指数衰减函数的形式。这同样验证了虽然是泥岩或同种岩样，其吸水过程具有很大差异。拟合参数 y_2、A_2、c_2、R^2 及泥岩在 500 min、1 000 min 时及饱和含水率整理至表 2-4。

对 x 轴、y 轴以 10 为底取对数得到含水率与时间关系的特征曲线[图 2-7(b)]，并对各样品进行线性拟合，拟合函数仍然如式(2-8)所示。该图样品曲线的 R^2 与图 2-6(b)极为相似，总体拟合效果相近；3-1、4-1 样品的 R^2 同样分别为 0.952 和 0.928，1-1、4-2 样品的 R^2 同样分别为 0.883、0.678；1-2、3-2 样品的 R^2 分别为 0.644、0.764。拟合参数 a_2、b_2、R^2 整理至表 2-4。

表 2-4　泥岩含水率特征

试件编号	负指数拟合				线性拟合			特征含水率 θ/%		
	y_2	A_2	c_2	R^2	a_2	b_2	R^2	500 min 含水率	1 000 min 含水率	饱和含水率
1-1	4.06	−3.67	165.56	0.977	−0.28	0.27	0.883	4.05	3.84	4.15
1-2	2.12	−2.07	59.61	0.882	−0.68	0.32	0.644	2.56	2.40	2.52
3-1	1.39	−1.06	270.65	0.895	−0.50	0.19	0.952	1.12	1.40	1.54
3-2	0.48	−0.47	850.07	0.831	−1.47	0.32	0.764	0.30	0.23	0.61
4-1	3.32	−3.09	284.94	0.962	−0.61	0.34	0.928	3.12	3.40	3.26
4-2	0.89	−0.87	263.91	0.661	−0.76	0.21	0.678	0.75	1.12	1.31

与表 2-3 中结果相似，1#、3#、4# 试件(包括 1-2 和 3-2 样品在负指数部分拟合)的拟合效果比较好，可作为后期分析用。与对特征吸水量的分析类似，负指数拟合参数越小，泥岩吸水速率衰减越快，特征含水率越小；线性拟合参数越大，泥岩吸水速率衰减越快，特征含水率越小。特征含水率作为泥岩吸水的标的量，比特征吸水量更有研究价值。

负指数拟合时有 4 个试件的拟合优度 R^2 小于 0.95，数据离散性较大，泥岩吸水速率的衰减过程难以得到，在本章不再进行分析。

2.2　泥岩吸水影响因素分析

2.2.1　黏土矿物含量及类型对泥岩吸水的影响

黏土矿物含量对泥岩吸水过程的影响如图 2-8 所示，分析过程不考虑岩样尺寸及自然含水率的影响。

黏土矿物含量对泥岩吸水过程的影响是指岩样所含黏土矿物的总量对泥岩吸水的影响，为容易分析，将每种样品的标量取 R^2 大者用以对比。如表 2-4 中，1# 样品的 1-1、1-2 试件负指数拟合部分的 R^2 对比：0.977＞0.882，因此 1-1 试件的 y_1 值作为 1# 样品的 y_1 值；

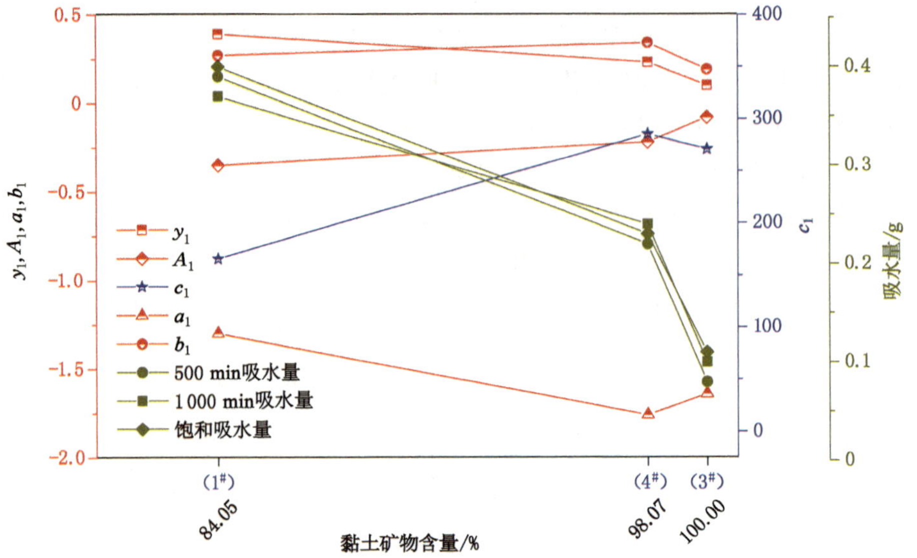

(a) 黏土矿物含量-吸水量

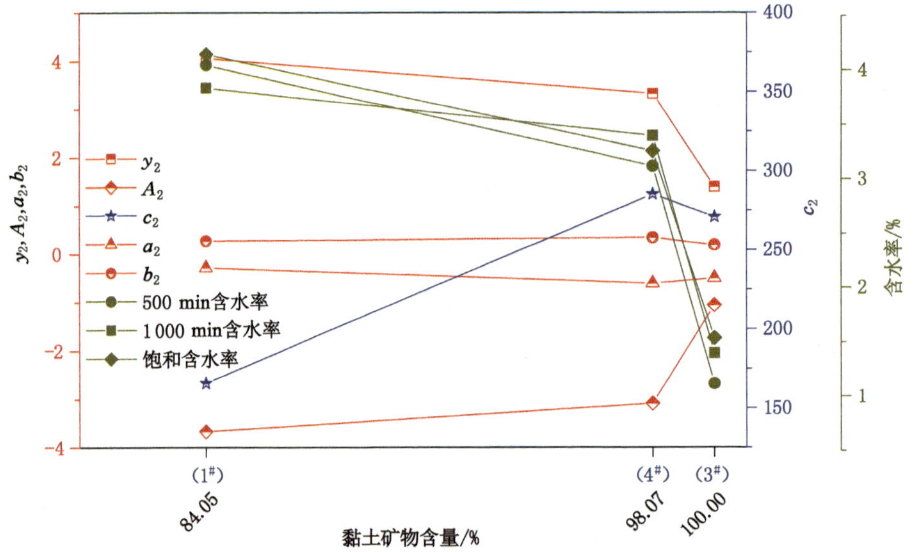

(b) 黏土矿物含量-含水率

图 2-8 黏土矿物含量对泥岩吸水过程的影响

线性拟合部分的 R^2 对比：0.883>0.644，因此将 1-1 试件的 a_1 值作为 1# 样品的 a_1 值。

如图 2-8 所示，在坐标系中，参数 y、A、a、b 使用红色轴，参数 c 使用蓝色轴，500 min/1 000 min/饱和吸水量和含水率使用墨绿色轴。黏土矿物含量对吸水量、含水率及两者吸水过程拟合参数的影响十分相似，图中 8 个参数总体呈下降（y_1、y_2、a_1、a_2、b_1、b_2、500 min/1 000 min/饱和时的吸水量和含水率）或上升（A_1、A_2、c_1、c_2）的变化趋势，极大值点或极小值点都出现于黏土矿物含量为 84.05%的 1# 样品。

结合式(2-7)和式(2-8)，泥岩吸水过程的指数拟合中常数项（即初始量）y_1、y_2 的最大值都出现在黏土矿物含量为 84.05%处，则 1# 样品的初始吸水量和含水率最大；指数项（即振幅和衰减常数）中 A_1、A_2、c_1、c_2 的最小值都出现在黏土矿物含量为 84.05%处，两者的一致性造成 1# 样品吸水衰减的速率最慢。黏土矿物含量对吸水量的影响比较明显，初始吸水量（a_1）最大的为 1# 样品，而特征曲线斜率（b_1）最大的为 4# 样品，1# 样品仅次于 4# 样品，且 1# 样品吸水速率衰减最慢，4# 样品次之；黏土矿物含量对含水率特征曲线的影响不太明显，a_2 的最小值和 b_2 的最大值出现于 4# 样品，1# 样品次之，含水率的关系则是 1# 样品变化最快，4# 样品次之。

在图 2-4 中给出了 4 种泥岩所含的矿物成分，在此基础上，研究黏土矿物（地开石、高岭石和白云母）对泥岩吸水的影响。试件的选取仍然以拟合优度 R^2 大者为研究对象，高岭石在 1#、3#、4# 试件中都存在，其参数的确定需要 3 个试件取均值[如 $y_1=(0.39+0.10+0.23)/3=0.24$]得出，白云母与之相似。

黏土矿物类型对泥岩吸水过程的影响如图 2-9 所示，其中(a)图为黏土矿物类型对泥岩吸水量的影响，(b)图为黏土矿物类型对含水率的影响，各曲线所用 y 轴同图 2-8。从图中可看出，无论是吸水量 Q 还是含水率 θ，黏土矿物类型对它们的影响基本都呈现以下规律：白云母（76.64%）>高岭石（17.06%）>地开石（77.67%）。在负指数拟合参数方面，黏土矿物类型对 y_1、y_2 的影响规律为白云母>高岭石>地开石，对 A_1、A_2、c_1、c_2 的影响正好与之相反，说明白云母初始吸水量最大，吸水速率衰减最慢，其他黏土矿物初始吸水量依次减小，吸水速率衰减依次加快。在线性拟合方面，黏土矿物类型对 a_1、b_1、b_2 的影响规律为白云母>高岭石>地开石，对 a_2 基本无影响，可认为含白云母岩石的吸水速率衰减最慢，其他依次加快。以上分析未考虑各类黏土矿物含量不同的影响，如白云母与地开石平均含量相似、高岭石平均含量大于地开石，上述结论准确；当白云母与高岭石含量差距较大时，上述结论有待考证。

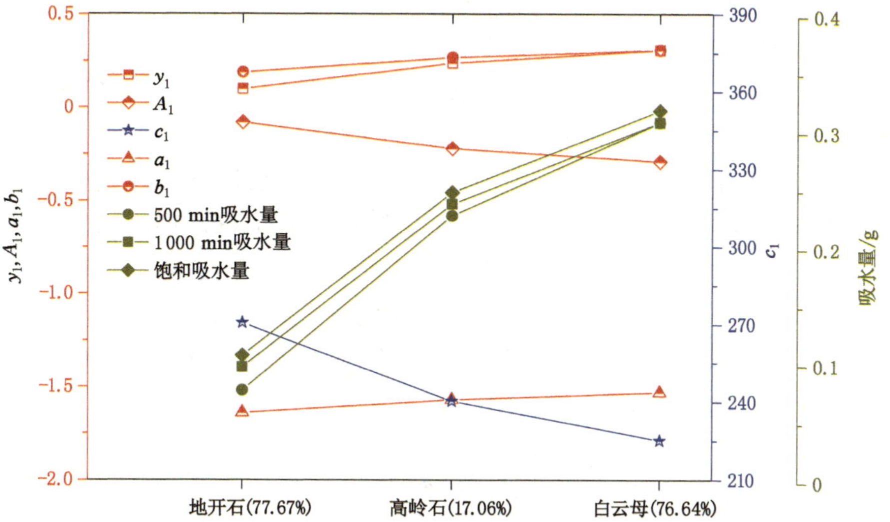

(a) 黏土矿物类型-吸水量

图 2-9　黏土矿物类型对泥岩吸水过程的影响
（注：x 轴括号内数字为黏土矿物的平均含量）

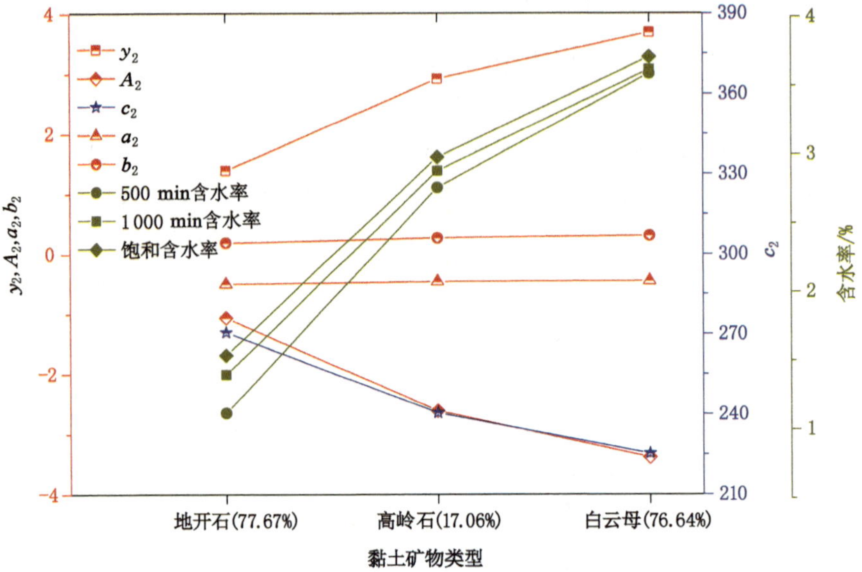

(b) 黏土矿物类型-含水率

图 2-9(续)

2.2.2 岩样尺寸及自然含水率对泥岩吸水的影响

由表 2-1 所示的试件的基本参数可看出,各试件的直径较为相似,但高度、质量及自然含水率相差较大,这些参数都将成为影响泥岩吸水过程的关键因素。试件尺寸差异对泥岩吸水量的影响可比性较差,在本节选取自然含水率作为分析目标。由表 2-4 可知,1# 试件及 3# 试件拟合效果最好,试件尺寸及自然含水率也有区分度,因此选择这两类试件作为研究对象。岩样尺寸及自然含水率对泥岩吸水过程的影响如图 2-10 所示,(a)图为 1# 试件,(b)图为 3# 试件,每图分为 4 个部分,分别为试件参数、负指数拟合、线性拟合及特征含水率,图中标注了每个柱状图的数值及两试件各参数大小关系[如(a)图两个试件高度参数的大小关系 $14.3\%=|21.2-18.55|\div|18.55|\times100\%$],观察并分析第 1 个部分对后边 3 个部分的影响,分析过程不考虑黏土矿物类型及含量的影响。

由图 2-10 可知,1# 试件及 3# 试件除特别参数外,试件尺寸及自然含水率增大、负指数拟合参数减小、线性拟合参数增大、特征含水率减小,即线性拟合参数与试件尺寸及自然含水率正相关,负指数拟合参数、特征含水率与试件尺寸及自然含水率负相关。试件参数、线性拟合参数:1-1<1-2、3-1<3-2;负指数拟合参数、特征含水率:1-1>1-2、3-1>3-2,证明尺寸越大、自然含水率越高的试件吸水速率衰减越快、含水率越低。对比(a)、(b)两图发现,同种矿物成分的试件尺寸差异越大,负指数拟合及线性拟合参数的差异越大,特征含水率的差异也越大。

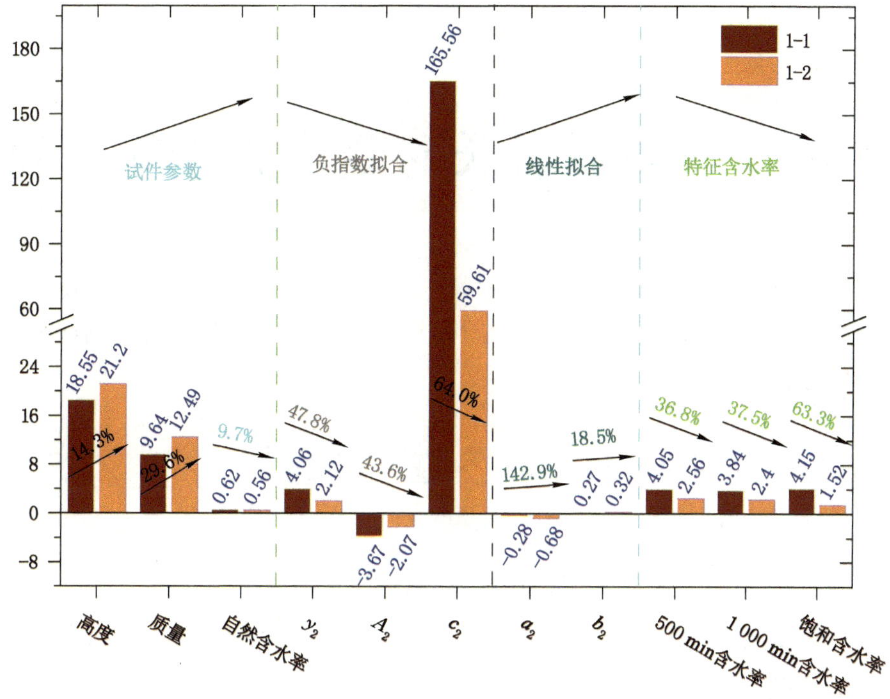

(a) 1#试件

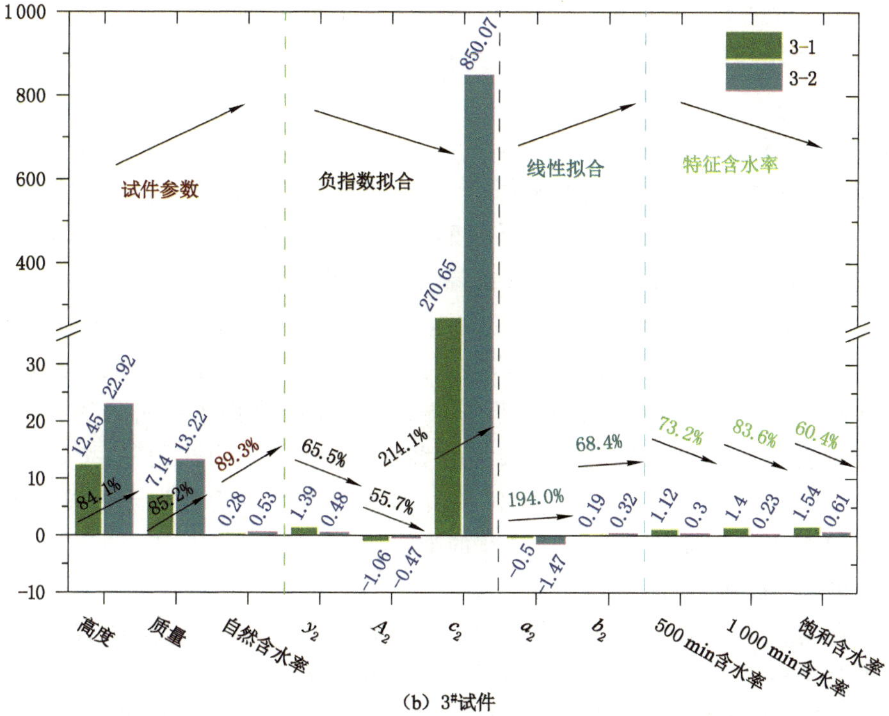

(b) 3#试件

图 2-10　岩样尺寸及自然含水率对泥岩吸水过程的影响

第3章　水化泥岩长时变形力学响应特性

泥质岩体水化过程中，因黏土矿物吸水而产生膨胀、溶蚀（溶解）和泥化效应，这些效应通过改变泥质岩体的微观结构（包含孔隙结构）和内部应力边界条件而影响泥质岩体渗流-应力耦合力学过程。

3.1　水化泥岩渗流-应力耦合过程影响分析

3.1.1　膨胀效应对渗流-应力耦合过程的影响

根据膨胀机理不同，膨胀岩分为两类[120]：一类为化学转化膨胀岩，如硬石膏、无水芒硝等吸水变相和结晶，硬石膏的水化反应可表达如下：

$$CaSO_4 + 2H_2O \longrightarrow CaSO_4 \cdot 2H_2O \tag{3-1}$$

另一类为含有较多亲水性矿物的黏土类膨胀岩，如泥岩、页岩等，亲水性矿物主要指蒙脱石、伊利石和高岭石等。黏土类膨胀岩的膨胀性取决于黏土颗粒的粒间膨胀或晶间膨胀。

（1）粒间膨胀机理

粒间膨胀通过扩散双电层理论解释[121-122]。黏土颗粒由于晶格置换产生负电荷而在颗粒周围形成静电场，在静电引力的作用下，颗粒表面必然吸附正电荷离子（即交换性阳离子）。这些正电荷离子以水化离子形式存在，带有负电荷的黏粒吸附水化阳离子，形成扩散形式的离子分布，从而组成所谓的“斯特恩双电层”，如图3-1所示。把黏土-水体系看作一种“多价的电解质”，黏粒和离子都能导电，当加上电压时，便会产生电泳或电渗现象。岩土胶体导电和离子溶液导电两者的电位差即黏粒表面双电层中离子所引起的导电势。双电层中的离子对水分子具有吸附能力，被吸附的水分子在电场引力作用下，按一定排列被约束集聚在黏粒周围，形成表面结合水（水化膜）。结合水膜加厚而将岩土颗粒“楔开”，使固体颗粒之间的距离增大，从而导致岩土体积的膨胀。

（2）晶间膨胀机理

晶间膨胀则通过晶格膨胀理论解释[121]。黏土矿物的原子晶格构造中有一种由弱键相连接晶片的晶格构造，晶层与晶层之间的结合很不牢固；与粒间膨胀相类似，在黏土-水体系相互作用时，同晶置换或断键破损等使黏粒表面带负电荷，并吸附阳离子；极性水分子在电场作用下渗入晶层，水化阳离子并导致水膜增厚，引起晶格扩张而导致岩土膨胀，这种晶格构造称为膨胀晶格构造。

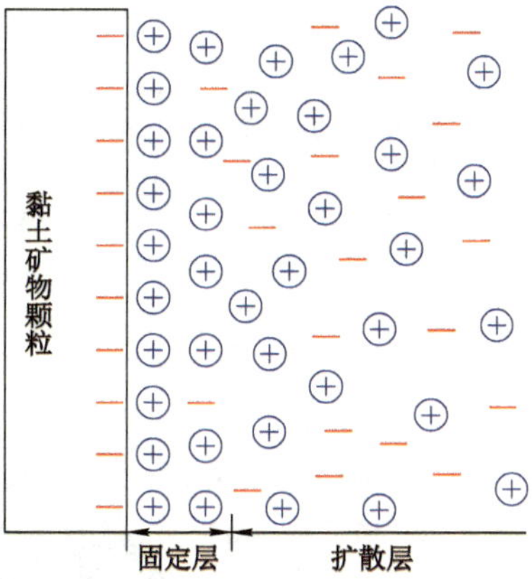

(a)

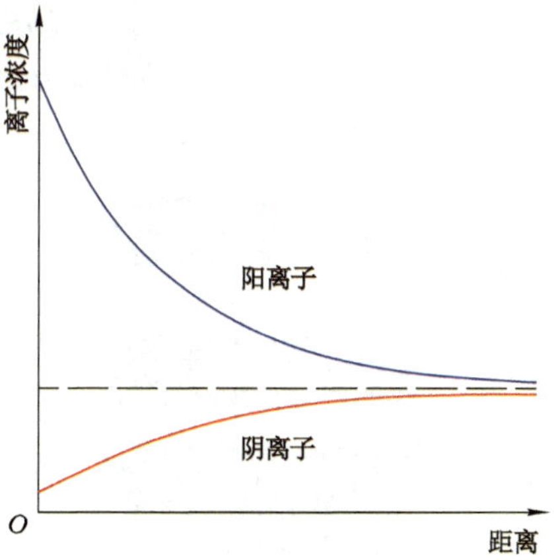

(b)

图 3-1　斯特恩双电层

黏土矿物晶胞由硅氧四面体和氢氧化铝八面体两种基本结构单元组成。蒙脱石、高岭石、伊利石以及绿泥石等主要黏土矿物的晶胞结构特点见表 3-1，结晶格架示意图如图 3-2 所示。其中，高岭石属于典型的粒间膨胀，晶胞内晶层间及晶胞间均不易进水；蒙脱石则属于典型的晶间膨胀，晶胞内晶层间以及晶胞间均易进水而导致膨胀；伊利石也属于晶间膨胀，但进水膨胀仅发生在晶胞间，晶胞内晶层间则不易进水；绿泥石的性质与伊利石类似[122-123]。

表 3-1　主要黏土矿物的晶胞结构特点

种类	结构类型	晶层间/晶胞间联结特点
高岭石组	两层，一层硅氧四面体层和一层氢氧化铝八面体层，晶胞厚 7.2 Å	晶层间以公共氧原子联结，晶胞间氧原子与氢氧根离子联结，水分子不易进入晶胞间
蒙脱石组	三层，两层硅氧四面体层夹一层氢氧化铝八面体层，晶胞厚 14 Å	晶层间靠分子间相互作用力以氧原子与氧原子相联结，联结力很弱

表 3-1(续)

种类	结构类型	晶层间/晶胞间联结特点
伊利石组	三层,与蒙脱石组不同之处在于置换主要发生在硅氧四面体中,晶胞厚 10 Å	晶胞间以钾键相联结,同时由 K^+ 平衡因类质同象置换产生的不平衡电荷,联结力较强
绿泥石组	四层,三层结构中间夹一层二八面体或三八面体,2∶1∶1 型层状结构,晶胞厚 14 Å	

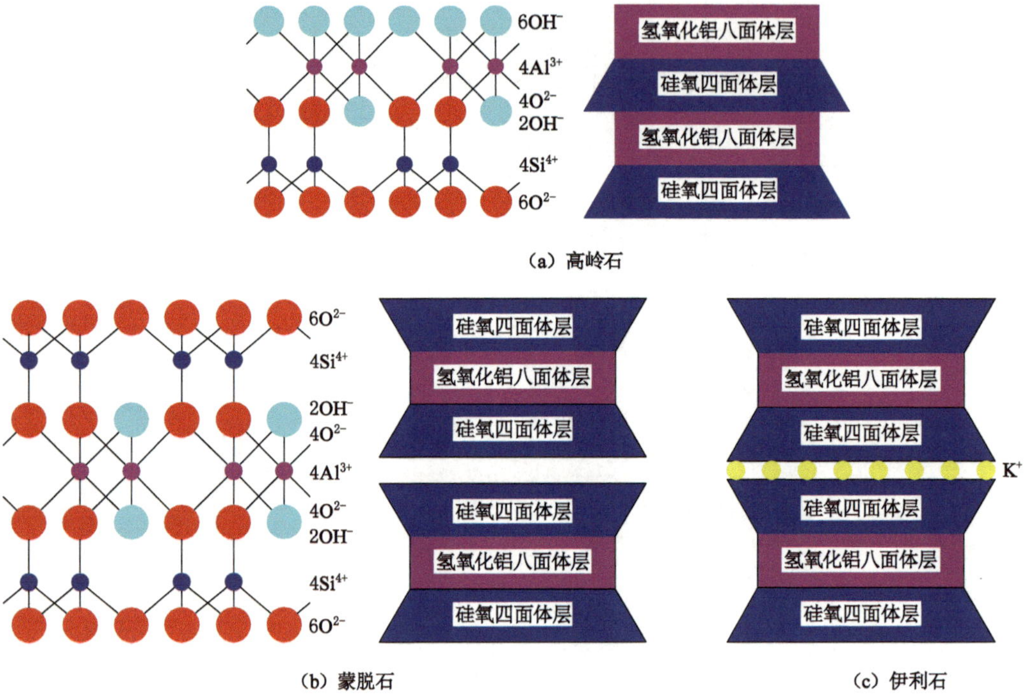

图 3-2　主要黏土矿物结晶格架示意图

由以上理论基础可见,不同的黏土矿物具有不同的膨胀机理;泥岩中黏土矿物组分不同,其浸水膨胀过程中的主导膨胀机理也不同。黏土矿物不同的膨胀机理会对泥质岩体变形特征与稳定性产生不同的影响:粒间膨胀导致泥质岩体颗粒松散脱落,胶结状况恶化,相应的膨胀力微观上可理解为泥质岩体内部边界应力;晶间膨胀不论是由晶胞内层间吸水引起还是由晶胞间吸水所致,均发生在黏土颗粒内部,从而导致黏土颗粒进一步破裂为更为细小的颗粒,相应的膨胀应力微观上可理解为泥质岩体固体骨架体力的改变。

根据以上两种不同的膨胀机理,膨胀效应同时导致泥质岩体的微观结构、应力状态发生改变。研究表明[120],保持天然状态、未受工程扰动的膨胀岩在水中可保持天然性状和强度,几乎不显示膨胀性,在周围环境变化后才发生较大程度的膨胀,因此膨胀效应的发生离不开孔隙结构的变化。结合泥质岩体渗流-应力耦合过程分析:孔隙作为沟通水与泥质岩体固体骨架接触并发生物理化学反应的通道,在矿物组分一定的情况下,其结构直接决定了膨胀程度和规模，假设某时刻泥质岩体的孔隙结构发生改变，则随着浸水的深入，除孔隙压力场 p、渗流压力场 F 发生改变外，膨胀应力 σ_0 也发生改变；根据膨胀机理的不同，无论将膨胀应力 σ_0 视为内部边界应力抑或固体骨架体力，均会导致泥质岩体固体骨架的有效应力 σ、应变张量 $\boldsymbol{\varepsilon}$、渗透率 k 发生连锁改变，进而又进入下一轮“k-σ_0-$\boldsymbol{\varepsilon}$-k”连锁变化中。

可见，泥质岩体吸水膨胀的本质为黏土矿物与水的物理化学反应，而在力学过程上，则属于泥质岩体的渗流-应力耦合问题，这种认识得到了有关学者[124]的认同。

3.1.2　溶蚀效应对渗流-应力耦合过程的影响

溶蚀是指水-岩作用下，受水的化学侵蚀性影响，岩石中可溶性矿物发生溶解而形成溶蚀孔隙的现象。溶蚀使得岩石固体骨架孔隙表面形成新的孔隙，伴随孔隙间的贯通等现象，进而造成岩石固体骨架结构形态的改变。固体骨架结构形态的改变同时蕴含着其有效应力 σ 以及孔隙结构（等价于渗透率 k）的改变。与前述针对膨胀效应而结合裂隙岩体渗流-应力耦合过程所做分析思路相类似，泥质岩体中黏土矿物吸水产生溶蚀效应，同样对其渗流-应力耦合力学过程产生影响，由水-岩相接触、作用所引发，但本质上并非由渗流-应力所造成。

3.1.3　泥化效应对渗流-应力耦合过程的影响

泥化是指泥质岩体浸水后，黏土矿物与水作用而在其表面形成一层细滑泥状物的现象。泥化效应的发生同样离不开孔隙作为沟通水与泥质岩体固体骨架接触并作用的通道，产生的细滑泥状物使得泥质岩体的摩擦角以及裂隙面的摩擦阻力减小，即力学性能弱化；同时泥化产物经过长时间的积累、沉淀会对渗流较为缓和的细微孔隙形成充填作用，进而封闭、阻塞孔隙，但这种充填作用对于改变泥质岩体的渗透率 k 而言十分有限。可见，泥化效应对于泥质岩体渗流-应力耦合的影响主要在于对泥质岩体力学性能的弱化。

综上所述，结合前述试验研究结果，在富水条件下，水化作用对泥质岩体长时变形的影响，主要通过水化与渗流-应力耦合相互作用来实现。泥质岩体水化过程中黏土矿物吸水产生膨胀、溶蚀（溶解）、泥化等效应，导致其微观结构发生改变，除在宏观上表现为泥质岩体力学性能的弱化外，孔隙结构改变会对泥质岩体渗流-应力耦合力学过程产生影响，膨胀应力及固体骨架结构形态的改变均会造成应力状态的改变；反过来，渗流-应力耦合过程中泥质岩体孔隙结构发生改变，可进一步促进泥质岩体的水化作用。

3.2　水化泥岩长时变形力学机理

富水条件下，泥质岩体的长时变形是由于泥质岩体的流变特性受到渗流-应力耦合作用、水化作用以及二者间的耦合综合作用所致。泥质岩体的流变性是其长时变形的基础；水化作用与渗流-应力耦合作用相互关联、促进，水化作用依靠泥质岩体的孔隙结构，又借助渗流-应力耦合作用导致孔隙结构产生的新的改变，进而促进泥质岩体进一步水化；膨胀、溶蚀、泥化效应致使泥质岩体微观结构发生改变，宏观上表现为力学性能弱化（力学参数改变),致使相应的本构关系为随水化程度而不断变化的方程;膨胀效应产生膨胀应力而改变泥质岩体固体骨架有效应力,溶蚀则因造成泥质岩体固体骨架结构形态的改变而改变其有效应力。考虑水化作用和渗流-应力耦合作用的泥质岩体长时变形的力学机理如图 3-3 所示。

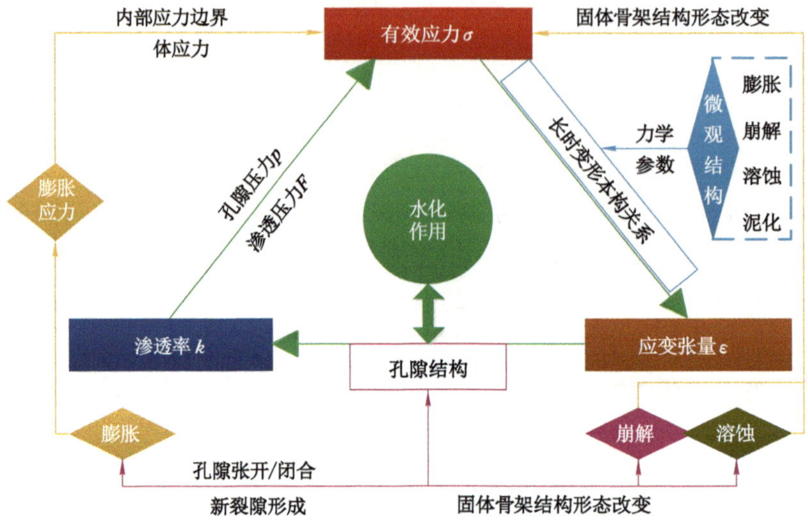

图 3-3　泥质岩体长时变形力学机理示意图

按照岩石流变定义[120],干燥或自然含水状态下,外部边界条件(包括应力、位移、充水等条件)不变时,泥岩应力状态不发生改变,其长时变形属于流变中的蠕变范畴;而在富水条件下,即便外部边界条件不变,由于水化作用,泥岩长时变形中内部边界条件处于不断的变化之中,相应的应力也在不断发生变化,已不属于流变范畴,称之为富水条件下的长时变形。

3.3　水化泥岩长时变形力学模型

3.3.1　模型的建立

泥质岩体水化作用具有微观性、难量化、难监测等特点,因此,建模过程中需合理简化部分次要影响因素。水化作用对泥质岩体渗流场的改变,一方面表现为水化作用导致泥质岩体微观结构改变,另一方面泥质岩体力学性能弱化同样会间接导致其渗流场的改变,而且后者归根结底亦由微观结构的改变所引起。考虑单纯的水化作用所造成的泥质岩体微观结构改变程度较小,相应地对其渗流场的影响程度也十分有限,因此,在构建模型时,对“水化作用直接导致泥质岩体渗流场改变”不予考虑。另外,崩解、溶蚀造成泥质岩体固体骨架结构形态的改变亦属于微观层面,对于泥质岩体固体骨架应力状态的改变亦十分有限,建立模型时亦不予考虑。这样,建立模型时,在泥质岩体渗流-应力耦合的基础上,应重点考虑黏土矿物吸水产生的膨胀应力以及水化对泥质岩体力学性能的影响。

已有研究成果表明[124-126]，吸水膨胀并非瞬间完成，而是一个随时间增长的过程。基于此认识，孙钧建立了膨胀模型以及复合膨胀模型，分别用以模拟岩石吸水膨胀过程和膨胀岩渗水耦合蠕变[127]，如图 3-4 和图 3-5 所示。

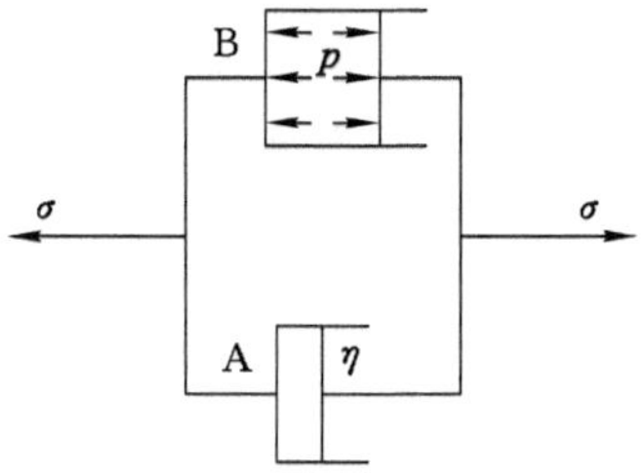

图 3-4　膨胀模型

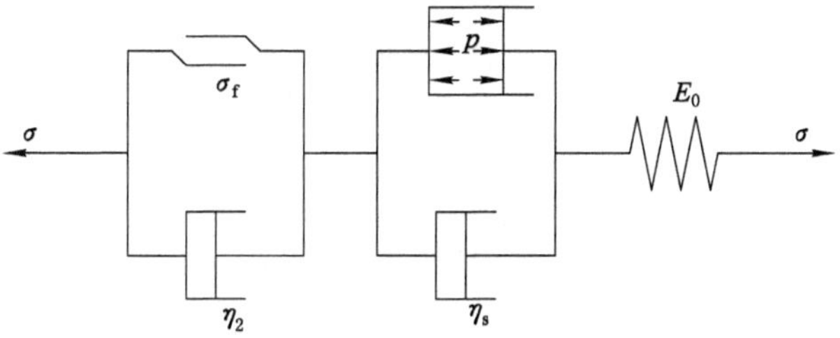

图 3-5　复合膨胀模型

膨胀模型中，黏性元件 A 为一线性黏阻器，模拟时间因素；利用膨胀元件 B 模拟盛有膨胀性岩样的固结容器，膨胀应变 ε 与内部压力 p 的关系即膨胀应变与轴向压力的关系，p 的物理含义为水分子在黏土矿物晶层间、晶胞间或颗粒间形成水膜时的楔入力。由图 3-4 可得膨胀模型的本构微分方程：

$$\eta\dot{\varepsilon} = \sigma + p \tag{3-2}$$

式中　σ——应力，以拉应力为正；

p——膨胀应变 ε 的函数，大于零，ε-p 曲线由试验测得，p 变化范围为 $\sigma_{0.08} \leqslant p \leqslant \sigma_0$，其中 σ_0 为最大膨胀应力，由试验测得，$\sigma_{0.08} = 0.008$ MPa；

η——取决于岩石的实际吸水条件，由式(3-3)确定：

$$\eta = \frac{1}{n}\sum_{1}^{n}\frac{\Delta t}{\Delta\varepsilon}[\sigma + p(\varepsilon)] \tag{3-3}$$

式中　Δt——时间间隔；

$\Delta\varepsilon$——与 Δt 相对应的膨胀应变增量。

考虑富水条件下泥质岩体加速蠕变阶段的应力-应变关系，对复合膨胀模型进行改进优化，在原先的基础上串联前面已介绍过的带应变触发的非线性黏性元件，所得富水条件下泥质岩体长时变形力学模型如图 3-6 所示。

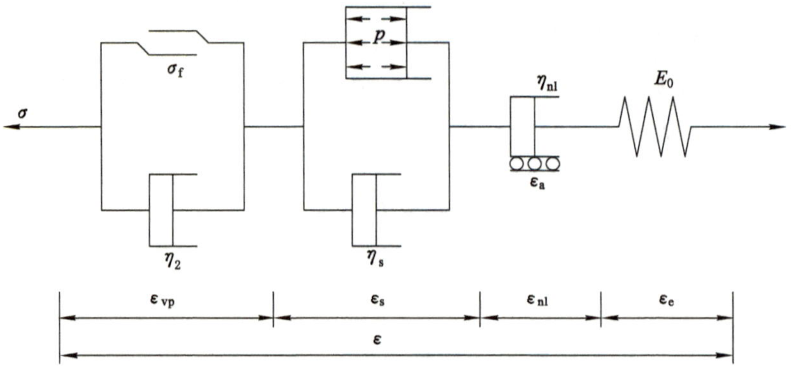

图 3-6　改进的复合膨胀模型

3.3.2　模型本构关系推导

考虑孔隙水压力 p，根据有效应力原理，富水条件下泥质岩体长时变形过程中的全应力增量为

$$\mathrm{d}\boldsymbol{\sigma}_{ij}^{全} = \mathrm{d}\boldsymbol{\sigma}_{ij} - n_0 \boldsymbol{m} \mathrm{d}p \tag{3-4}$$

$$\boldsymbol{m} = [1 \quad 1 \quad 1 \quad 0 \quad 0 \quad 0]^{\mathrm{T}}$$

式中　$\mathrm{d}\boldsymbol{\sigma}_{ij}^{全}$——全应力增量矩阵；

$\mathrm{d}\boldsymbol{\sigma}_{ij}$——泥质岩体固体骨架有效应力增量；

n_0——泥质岩体边界孔隙率；

$n_0\mathrm{d}p$——修正后的孔隙水压力增量，此亦是渗流场与应力场耦合的纽带，不再对具体的渗流-应力耦合做深入研究。

相应地，全应变增量可表示为：

$$\mathrm{d}\varepsilon_{ij}^{全} = \mathrm{d}\varepsilon_{ij} + \mathrm{d}\varepsilon_{ij}^{p} \tag{3-5}$$

$$\mathrm{d}\varepsilon_{ij} = \mathrm{d}\varepsilon_{ij}^{e} + \mathrm{d}\varepsilon_{ij}^{s} + \mathrm{d}\varepsilon_{ij}^{vp} + \mathrm{d}\varepsilon_{ij}^{nl} \tag{3-6}$$

式中　$\mathrm{d}\varepsilon_{ij}^{全}$——全应变增量；

$\mathrm{d}\varepsilon_{ij}$——由 $\mathrm{d}\boldsymbol{\sigma}_{ij}$ 引起的应变增量，可由图 3-6 中的模型给出；

$\mathrm{d}\varepsilon_{ij}^{p}$——由 $n_0\mathrm{d}p$ 引起的泥质岩体固体骨架应变增量，$n_0\mathrm{d}p$ 引起泥质岩体固体骨架的体积应变增量为：

$$\mathrm{d}\varepsilon_{v}^{p} = -n_0 \frac{1-n}{K_s}\mathrm{d}p \tag{3-7}$$

换算为相应的应变增量为

$$\mathrm{d}\varepsilon_{ij}^{p} = -n_0 \frac{1-n}{3K_s}\boldsymbol{m}\mathrm{d}p \tag{3-8}$$

式中　n——泥质岩体孔隙率，%；

K_s——泥质岩体固体骨架体积模量，MPa。

富水条件下，泥质岩体长时变形的本构关系可由全应变增量与有效应力增量表示为：

$$d\boldsymbol{\sigma}_{ij}=\boldsymbol{D}d\varepsilon_{ij}^{e}=\boldsymbol{D}(d\varepsilon_{ij}^{全}-d\varepsilon_{ij}^{s}-d\varepsilon_{ij}^{vp}-d\varepsilon_{ij}^{nl}-d\varepsilon_{ij}^{p})\tag{3-9}$$

式中 $\boldsymbol{D}$——弹性矩阵；

$d\varepsilon_{ij}^{vp}$——黏塑性应变增量；

$d\varepsilon_{ij}^{nl}$——非线性黏性应变增量；

$d\varepsilon_{ij}^{s}$——膨胀应变增量。

(1) 膨胀应变

孙钧根据膨胀试验回归分析结果，给出了三维膨胀应力-应变本构关系[127]：

$$\begin{cases}\varepsilon_1^s=A\ln\dfrac{\sigma_0}{\sigma_1}-\nu_sA\ln\dfrac{\sigma_0}{\sigma_2}-\nu_sA\ln\dfrac{\sigma_0}{\sigma_3}\\ \varepsilon_2^s=A\ln\dfrac{\sigma_0}{\sigma_2}-\nu_sA\ln\dfrac{\sigma_0}{\sigma_3}-\nu_sA\ln\dfrac{\sigma_0}{\sigma_1}\\ \varepsilon_3^s=A\ln\dfrac{\sigma_0}{\sigma_3}-\nu_sA\ln\dfrac{\sigma_0}{\sigma_1}-\nu_sA\ln\dfrac{\sigma_0}{\sigma_2}\end{cases}\tag{3-10}$$

式中 σ_1、σ_2、σ_3——三向主应力；

ε_1^s、ε_2^s、ε_3^s——各应力主方向的膨胀应变；

A——系数，由试验获得；

ν_s——膨胀泊松比，由试验获得；

σ_0——最大膨胀应力，由试验获得。

因此，在应力主方向上，可将式(3-10)写为：

$$\begin{bmatrix}\varepsilon_1^s\\ \varepsilon_2^s\\ \varepsilon_3^s\end{bmatrix}=\boldsymbol{\nu}_s\begin{bmatrix}\varepsilon'_1\\ \varepsilon'_2\\ \varepsilon'_3\end{bmatrix}\tag{3-11}$$

$$\boldsymbol{\nu}_s=\begin{bmatrix}1&-\nu_s&-\nu_s\\ -\nu_s&1&-\nu_s\\ -\nu_s&-\nu_s&1\end{bmatrix}\tag{3-12}$$

式中 $\boldsymbol{\nu}_s$——膨胀泊松比矩阵；

ε'_1、ε'_2、ε'_3——单向应力状态下相应方向上的膨胀应变，计算公式为：

$$\varepsilon'_i=A\ln\frac{\sigma_0}{p_i}\tag{3-13}$$

根据膨胀模型单向应力状态下的本构微分方程(3-2)，有：

$$\eta_s\dot{\varepsilon}'_i=\sigma_i+p_i\tag{3-14}$$

代入式(3-11)，可得：

$$\begin{bmatrix}\dot{\varepsilon}_1^s\\ \dot{\varepsilon}_2^s\\ \dot{\varepsilon}_3^s\end{bmatrix}=\boldsymbol{\nu}_s\begin{bmatrix}\dot{\varepsilon}'_1\\ \dot{\varepsilon}'_2\\ \dot{\varepsilon}'_3\end{bmatrix}=\frac{1}{\eta_s}\boldsymbol{\nu}_s\begin{bmatrix}\sigma_1+p_1\\ \sigma_2+p_2\\ \sigma_3+p_3\end{bmatrix}\tag{3-15}$$

增量形式为：

$$\begin{bmatrix} d\varepsilon_1^s \\ d\varepsilon_2^s \\ d\varepsilon_3^s \end{bmatrix} = \frac{dt}{\eta_s}\boldsymbol{v}_s \begin{bmatrix} \sigma_1 + p_1 \\ \sigma_2 + p_2 \\ \sigma_3 + p_3 \end{bmatrix} \tag{3-16}$$

此外，由式(3-13)可得：

$$p_i = \sigma_0 \exp(-\varepsilon'_i / A) \tag{3-17}$$

近似认为 p_i 在$(t, t+dt)$时间段内为常数，则将式(3-17)代入式(3-16)，即可得膨胀应变增量表达式：

$$\begin{bmatrix} d\varepsilon_1^s \\ d\varepsilon_2^s \\ d\varepsilon_3^s \end{bmatrix} = \frac{dt}{\eta_s}\boldsymbol{v}_s \begin{bmatrix} \sigma_1 + \sigma_0 \exp(-\varepsilon'_1 / A) \\ \sigma_2 + \sigma_0 \exp(-\varepsilon'_2 / A) \\ \sigma_3 + \sigma_0 \exp(-\varepsilon'_3 / A) \end{bmatrix} \tag{3-18}$$

假设应力主方向与 x、y、z 坐标轴间夹角的方向余弦见表 3-2。

表 3-2　坐标轴与应力主方向夹角方向余弦

坐标轴	应力主方向 1 与坐标轴夹角方向余弦	应力主方向 2 与坐标轴夹角方向余弦	应力主方向 3 与坐标轴夹角方向余弦
x	l_1	m_1	n_1
y	l_2	m_2	n_2
z	l_3	m_3	n_3

按照坐标转换公式：

$$d\varepsilon_{i'j'} = d\varepsilon_{ij} n_{i'i} n_{j'j} \tag{3-19}$$

即可由式(3-18)得到统一 x、y、z 坐标下的膨胀应变增量表达式：

$$\begin{cases} d\varepsilon_x^s = l_1^2 d\varepsilon_1^2 + m_1^2 d\varepsilon_2^2 + n_1^2 d\varepsilon_3^2 \\ d\varepsilon_y^s = l_2^2 d\varepsilon_1^2 + m_2^2 d\varepsilon_2^2 + n_2^2 d\varepsilon_3^2 \\ d\varepsilon_z^s = l_3^2 d\varepsilon_1^2 + m_3^2 d\varepsilon_2^2 + n_3^2 d\varepsilon_3^2 \\ d\tau_{yz}^s = 2l_2 l_3 d\varepsilon_1 + 2m_2 m_3 d\varepsilon_2 + 2n_2 n_3 d\varepsilon_3 \\ d\tau_{zx}^s = 2l_3 l_1 d\varepsilon_1 + 2m_3 m_1 d\varepsilon_2 + 2n_3 n_1 d\varepsilon_3 \\ d\tau_{xy}^s = 2l_1 l_2 d\varepsilon_1 + 2m_1 m_2 d\varepsilon_2 + 2n_1 n_2 d\varepsilon_3 \end{cases} \tag{3-20}$$

(2) 水对泥质岩体力学性能的弱化

水化作用造成的泥质岩体力学参数的改变，主要有两个方面。

① 黏塑性应变增量 $d\varepsilon_{ij}^{vp}$ 计算过程中，屈服函数 F 的变量包括内聚力 C 和内摩擦角 φ，二者均受饱和度影响，随含水率的增加而降低。

但实际生产中，在富水条件下，由于巷道在长时的生产服务中水源补充条件较为稳定，浸水条件基本不发生改变，故可以认为泥质岩体一直处于饱和状态，不考虑由自然含水状态向饱和状态的过渡。因此，这里内聚力 C 和内摩擦角 φ 均取饱和值。

② 由全应变增量 $d\varepsilon_{ij}^{全}$ 与有效应力增量 $d\boldsymbol{\sigma}_{ij}$ 表示的泥质岩体长时变形本构关系中，弹性

矩阵 $\boldsymbol{D}$ 中的弹性模量 E_0 以及泊松比 ν 均会随泥质岩体含水状况的改变发生改变。

这里考虑已平衡的应力状态由于弹性矩阵 $\boldsymbol{D}$ 改变而产生新应变增量，采用初应变法计算。假设 $\boldsymbol{D}$ 变化前后应力状态不变，应变状态分别为 ε_{ij}^{e} 和 $\varepsilon_{ij}^{e}+\mathrm{d}\varepsilon_{ij}^{cde}$，$\mathrm{d}\varepsilon_{ij}^{cde}$ 为 $\boldsymbol{D}$ 变化产生的初应变增量，且满足：

$$\begin{cases}\varepsilon_{ij}^{e}=\boldsymbol{D}^{-1}\boldsymbol{\sigma}_{ij}\\ \varepsilon_{ij}^{e}+\mathrm{d}\varepsilon_{ij}^{cde}=\boldsymbol{D}'^{-1}\boldsymbol{\sigma}_{ij}\end{cases}\tag{3-21}$$

式中　$\boldsymbol{D}$——弹性模量 E_0、泊松比 ν 变化前的弹性矩阵；

$\boldsymbol{D}'$——弹性模量 E_0、泊松比 ν 变化后的弹性矩阵。

两式相减，可得：

$$\mathrm{d}\varepsilon_{ij}^{cde}=(\boldsymbol{D}'^{-1}-\boldsymbol{D}^{-1})\boldsymbol{\sigma}_{ij}\tag{3-22}$$

而实际因弹性矩阵 $\boldsymbol{D}$ 改变产生的应变增量为 $\mathrm{d}\varepsilon_{ij}^{de}$，因 $\mathrm{d}\varepsilon_{ij}^{de}$ 与 $\mathrm{d}\varepsilon_{ij}^{cde}$ 不等而产生的应力增量为：

$$\mathrm{d}\boldsymbol{\sigma}_{ij}^{de}=\boldsymbol{D}(\mathrm{d}\varepsilon_{ij}^{de}-\mathrm{d}\varepsilon_{ij}^{cde})\tag{3-23}$$

这样，通过式(3-22)求得 $\mathrm{d}\varepsilon_{ij}^{cde}$ 后，建立总体平衡方程，解出位移增量，进而求出应变增量 $\mathrm{d}\varepsilon_{ij}^{de}$，再代入式(3-23)即可求出相应的应力增量 $\mathrm{d}\boldsymbol{\sigma}_{ij}^{de}$。

第 4 章　泥岩锚固单体宏观水化失稳特性

工程实践表明，地下水不仅会对围岩造成侵蚀，还会弱化锚固剂等黏结材料与围岩间的黏结性能，并腐蚀锚杆等支护构件。且水会降低泥质软岩的可锚性，使锚杆安装后不足以提供所需的抗拔力。为获取水对锚固结构承载性能的弱化机制，采用从锚固结构中分离出锚固单体的方式来模拟锚固结构，利用试验模拟巷道锚固结构受力环境，系统研究不同含水率影响下围岩锚固单体力学特性。

4.1　试验方案

本次试验是针对不同含水率下软弱岩体与锚固剂、锚杆相互作用形成的锚固单体展开的，其宏观力学特性是试验所研究的重点，因此所选择锚固剂、锚杆材料的特性及强度等需尽可能贴合实际巷道所采用锚固剂及锚杆的力学性质。目前煤矿主要使用树脂锚固剂作为锚杆孔内的黏结充填材料，因化学成分相近，环氧树脂与矿用树脂锚固剂力学性质具有较好的一致性[128-130]，能较好地模拟锚固剂力学性能。且因环氧树脂流动性好，更适用于试验尺度。故本书试验选用环氧树脂配合固化剂作为锚固材料，经测试其固化时间为 0.5 h，如图 4-1 所示，3 h 平均单轴抗压强度为 47.68 MPa，可以满足试验要求。

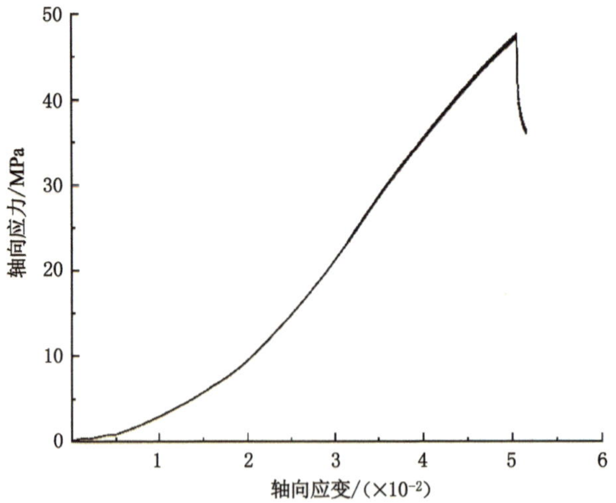

(a) 应力-应变曲线

(b) 破坏特征

图 4-1　环氧树脂单轴压缩测试结果

参考以往相关研究，本次试验选用尺寸为 ϕ5 mm×85 mm 的 304 螺纹杆作为锚杆材料，并配套螺母，选用尺寸为 20 mm×20 mm×1.5 mm 的 304 垫片作为锚杆托盘，所选取锚杆及托盘力学参数如表 4-1 所示。由表 4-1 可知，所选材料能够满足试验要求。

表 4-1　锚杆材料参数

抗拉强度/MPa	屈服强度/MPa	伸长率/%	弹性模量/MPa
≥500	≥200	≥25	204

为监测不同含水率下锚杆轴力变化规律及杆体变形，每根锚杆表面粘贴 3 组应变片，具体安装位置如图 4-2 所示。

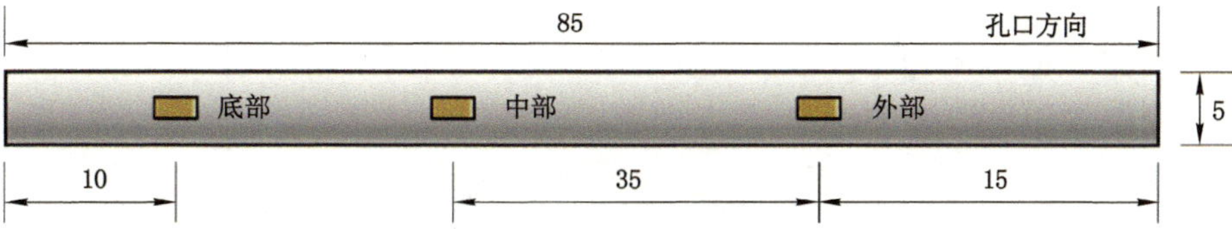

图 4-2　锚杆应变片安装示意图

富水巷道施工过程中，围岩受开挖卸荷效应影响产生裂隙，会形成导水通道沟通含水层，巷道周边岩体在锚杆（索）安装前已处于浸水状态。为贴合实际工程条件，且模拟富水巷道围岩锚固单体结构特点及受力环境，研究水影响下泥岩锚固结构承载性能及失效机制，制定试验方案如下：

参考正高煤矿行人进风斜井围岩赋存条件，制备泥岩-砂岩组合岩样，用泥岩部分代表锚固单体中软岩部分，砂岩部分代表锚固单体中硬岩部分。考虑工程现场岩层之间分布有不同厚度、不同黏性的软弱夹层，因此泥岩与砂岩间需要填充一层厚度较薄的黏合剂，该黏合剂强度不宜过高，且应具有一定的渗透性。参考相关研究，在上下盘两个长方体岩块之间涂抹 1 mm 厚的素水泥浆黏合制成无锚固岩体组合试样，涂抹的素水泥浆采用强度等级为 32.5 的普通硅酸盐水泥，水灰比为 0.45。

由于试验考虑含水率变化对试样承载性能影响，需要制备不同含水率下锚固单体试样。而对试样浸水会对试样造成水化损伤，从而导致试样强度降低甚至发生宏观破坏，为避免试样浸水后打设锚杆孔会进一步造成破坏，采取先钻锚杆孔的方法。考虑所选用锚杆材料尺寸，参考相关文献，岩石试样锚杆孔孔径一般比锚杆直径大 2～4 mm，因此本次试验岩样钻孔直径为 8 mm，孔深为 75 mm，每个岩样钻设两个钻孔。

将钻孔后的组合岩样放置于干燥箱内，由于所取泥岩内含结晶水（蒙脱石），根据《岩石物理力学性质试验规程 第 18 部分：岩石单轴抗压强度试验》（DZ/T 0276.18—2015），烘干温度设置为 65 ℃，时间为 12 h。烘干后将试样从干燥箱中取出放入干燥器内冷却至室温，称量试样质量，并每 2 h 重复该步骤一次，直至相邻两次称量误差小于 0.1%。由于所取泥岩遇水极易崩解，为避免常规浸水方法导致泥岩崩解破坏，采用 YH-40B 型标准恒温恒湿养护箱对干燥岩样浸水(湿度设置为 95%,温度为 25 ℃),直至岩样含水率达到设定值。在浸水过程中,岩样钻孔孔口用防水胶布封堵,并每隔一段时间将岩样取出称重,组合岩样含水率随浸水时间变化曲线如图 4-3 所示。

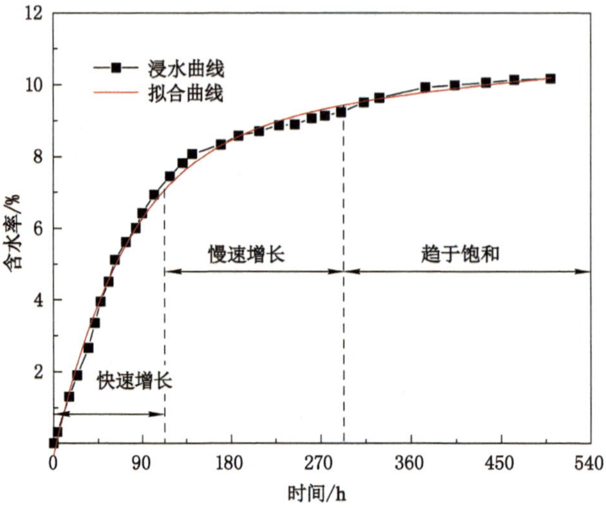

图 4-3　组合岩样含水率随时间变化曲线

为研究水对围岩锚固结构承载性能的影响,需要选取具有代表性的岩石试件含水率,根据图 4-3 中含水率随浸水时间变化的三个阶段(Ⅰ快速增长、Ⅱ慢速增长、Ⅲ趋于饱和),确定直剪试验所需含水率分别为 0、3%、6%、8%、10.18%(饱和含水率)。岩样含水率达到设定值后取出,将环氧树脂与固化剂搅拌均匀后用注射器注入钻孔内,并将锚杆安装至钻孔内,通过托盘螺母固定锚杆。考虑试件及锚杆尺寸,本次试验锚杆均采用全长黏结。所制备锚固单体试样如图 4-4 所示,尺寸为 100 mm×100 mm×100 mm。

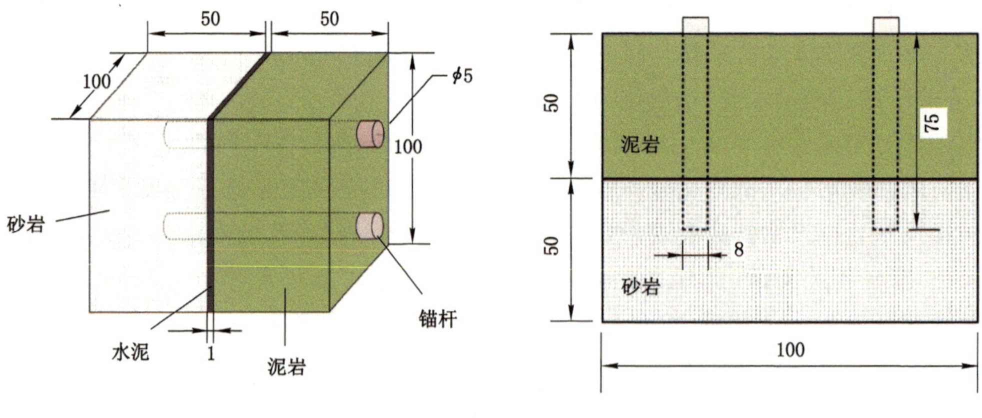

图 4-4　锚固单体试样

试验系统主要包括轴压加载系统、侧压加载系统、锚杆应变采集系统以及声发射监测系统，如图 4-5(a)所示。其中轴压加载系统采用 MTS C64.106 电液伺服万能试验机，该试验机最大加载力为 1 000 kN，试验力测量精度为±0.5%，位移测量精度为±0.5%，变形测量精度为±0.5%，试验过程中力和位移等数据由软件自动采集。侧压加载系统采用自行研制的液压机械装置，由伸缩式液压缸、自动控制电动液压泵、机械反力架等组成。伸缩式液压缸最大行程为 100 mm，自动控制电动液压泵额定功率为 1.5 kW，上面装有高精度液压表和调压阀，其中调压阀用于调节侧压，侧压最大为 15 MPa。锚杆应变采集系统采用 DM-YB1820 型动静态应变测试系统，该系统适用于测量结构的应变及其他各种物理量，如力、压载荷和扭矩等，能够满足试验需求。声发射监测系统采用 PCIE-Q87-i2 型岩石声波声发射一体化测试系统。

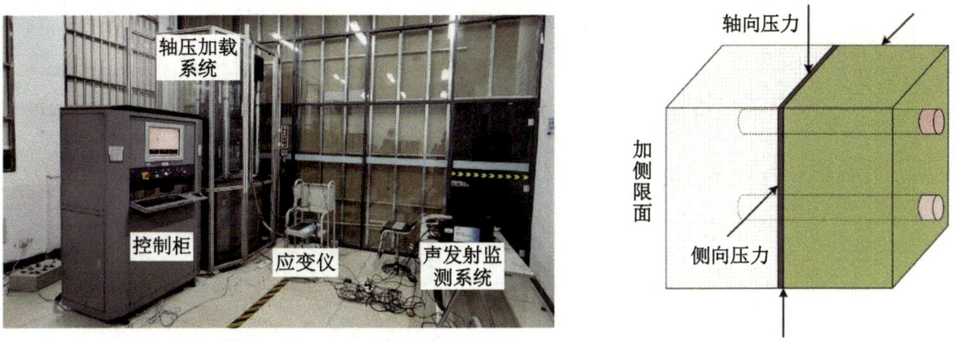

(a) 试验系统　　(b) 加载方式

图 4-5　试验系统示意图

为模拟巷道围岩锚固单体受力环境，侧压加载系统与轴压加载系统组成双轴加载、单面临空以及一面加侧限的加载系统，其中锚杆露头面为临空面，对面则为加侧限面，具体加载方式如图 4-5(b)所示。参考正高煤矿地应力测试结果，同时为研究不同应力水平下含水泥岩锚固结构承载性能及失效机制，本次试验侧向压力 σ_2 取 2 MPa、4 MPa、6 MPa、8 MPa。试验加载应力路径为先加载侧向压力至设定值，随后保持侧向压力恒定，轴向载荷采用位移控制，加载速率为 0.2 mm/min，试验具体参数见表 4-2。同时采用声发射系统同步监测试验全过程声发射特征，由于不进行声发射定位研究，采用 4 个声发射探头采集信号，能够满足试验需要，安装位置如图 4-6 所示。门槛值设置为 40 dB，声发射采样频率范围设定为 1 kHz～1 MHz。

表 4-2　试验参数设定值

含水率/%	试样编号
	侧向应力 σ_2=2 MPa、4 MPa、6 MPa、8 MPa
0	1-1～1-4
3	A-1～A-4
6	B-1～B-4

表 4-2(续)

含水率/%	试样编号
	侧向应力 σ_2=2 MPa、4 MPa、6 MPa、8 MPa
8	C-1～C-4
10.18	D-1～D-4

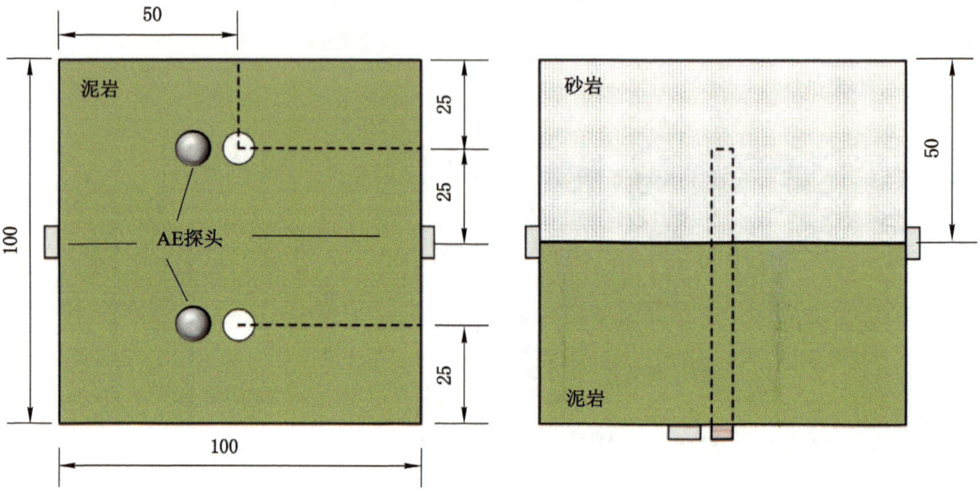

图 4-6 声发射探头安装示意图

4.2 不同含水率下锚固单体试样力学特性

4.2.1 锚固单体试样变形特征

图 4-7 为不同侧向应力 σ_2、不同含水率 w 下锚固单体试样轴向应力 σ_1-应变曲线图。由图可知，测得的不同条件下试样应力-应变曲线在屈服阶段前呈现相近变化趋势。在试验加载初期，试样首先经历压密阶段，泥岩与砂岩内部孔隙随着 σ_1 增大压密闭合。在线弹性阶段，随着 σ_1 的增大，轴向应变线性增加，此时 σ_1 与应变呈线性关系。

可以发现，在峰前破坏段不同条件下曲线表现出明显差异。如表 4-3 所示，根据曲线破坏阶段及峰后阶段可以划分为 4 种主要形式。对于Ⅰ型曲线，$0\leqslant w\leqslant 6\%$，在破坏阶段曲线呈多峰，其原因是随着 σ_1 的增大，由于开挖卸荷效应试样会向临空面发生强烈扩容，且越接近临空面变形越剧烈，锚固单体试样中临空面附近泥岩首先发生破坏，因此曲线会出现多个幅度较小的应力降。而在锚杆锚固作用下，破坏部分与后方完整部分仍锚固在一起。随着外部载荷的进一步增大，泥岩完整部分发生破坏，锚固结构承载性能大幅下降，曲线出现陡降。而在峰后阶段可以观察到应变硬化现象，此时应力增长主要来源于锚杆悬吊作用及各破裂块体与锚杆间的挤压摩擦。

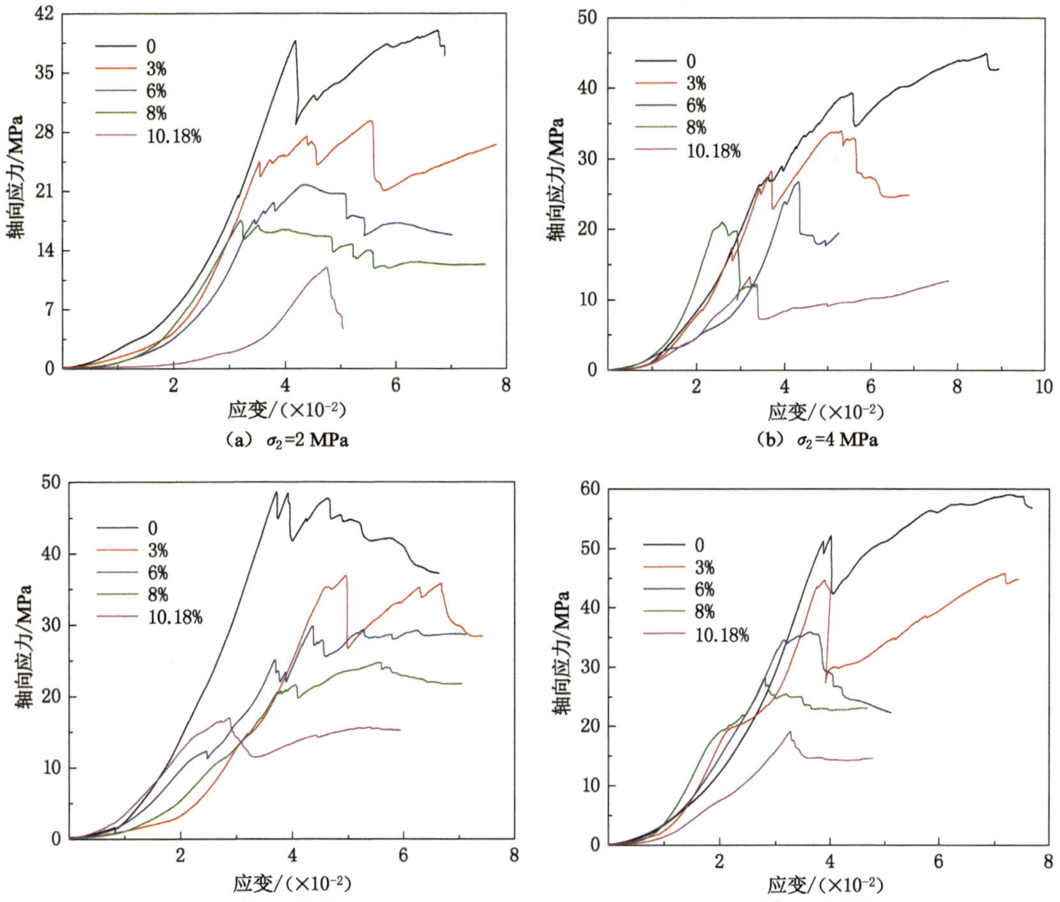

(a) σ_2=2 MPa　(b) σ_2=4 MPa　(c) σ_2=6 MPa　(d) σ_2=8 MPa

图 4-7　锚固单体试样轴向应力-应变关系曲线

表 4-3　锚固单体试样应力-应变曲线分类

曲线形式	应力-应变曲线	侧向压力及含水率条件
Ⅰ	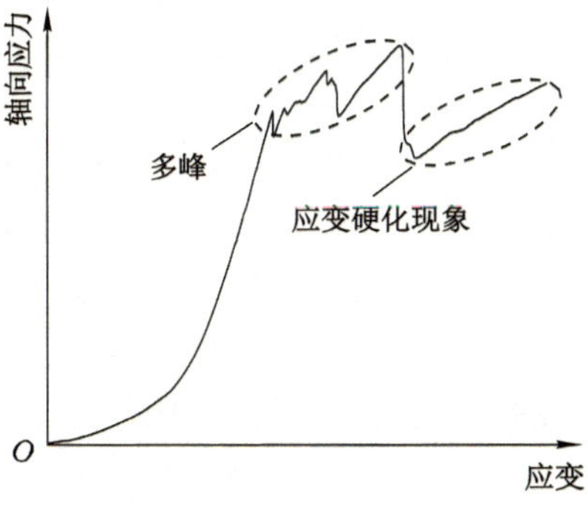	$0 \leqslant w \leqslant 6\%$

表 4-3(续)

曲线形式	应力-应变曲线	侧向压力及含水率条件
Ⅱ	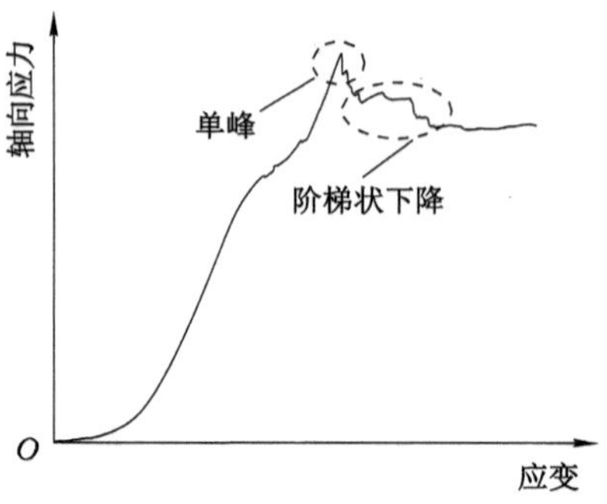	$6\%<w\leqslant 8\%$
Ⅲ	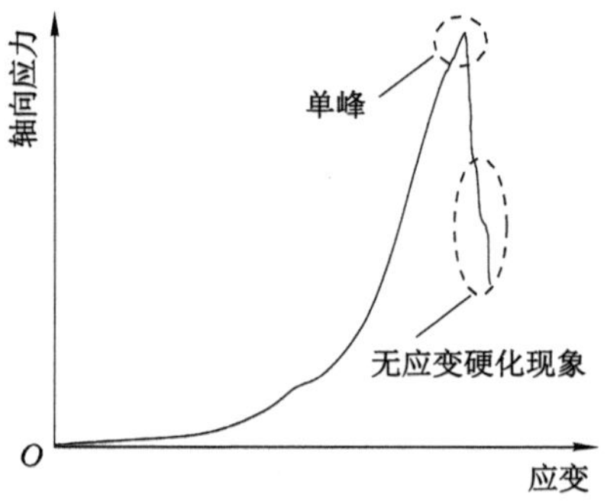	饱和含水率，$\sigma_2<4$ MPa
Ⅳ	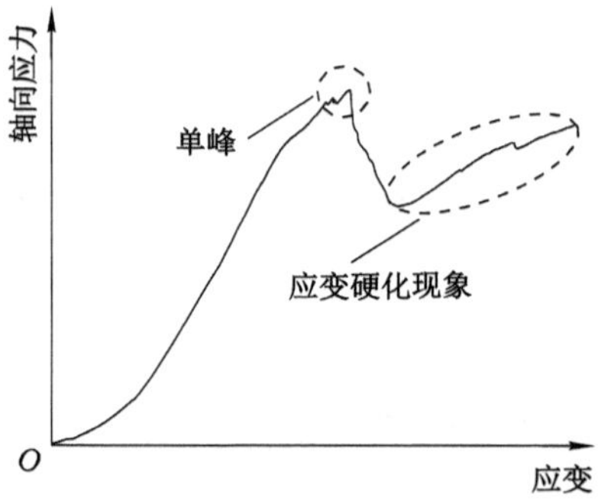	饱和含水率，$\sigma_2\geqslant 4$ MPa

对于Ⅱ型曲线，对应试样含水率为 $6\%<w\leqslant 8\%$，随着含水率的增大，泥岩与砂岩在水化作用下发生软化，泥岩部分水化损伤高于砂岩部分，且受水影响锚杆与岩石间胶结作用发生劣化，锚杆对破碎岩块间的锚固作用弱化，试样在砂岩部分整体发生破坏后承载能力迅速降低，故曲线在破坏阶段呈单峰。而峰后阶段曲线应变硬化现象不明显，并呈阶梯状降低，这主要是由于岩石浸水软化导致各破裂面间摩擦力降低。

当 w 达到饱和含水率且 $\sigma_2<4$ MPa 时，可以发现，曲线破坏段呈单峰且峰后阶段快速下降，无应变硬化现象。这主要是由于在饱和含水率下，泥岩与砂岩强度受水侵蚀严重，泥岩部分在水化作用下泥化并发生宏观破坏，已几乎无承载能力，锚固单体试样整体结构较

松散。且锚杆与岩石间胶结能力已基本丧失，锚固效果严重受损。当 w 达到饱和含水率且 $\sigma_2 \geqslant 4$ MPa 时，曲线破坏段呈单峰且峰后出现应变硬化现象。这主要是由于随着 σ_2 的增大，试样在较高的外部载荷及含水率作用下呈明显延性破坏特征，其后期应力增长主要来源于试样向临空面强烈扩容产生的张拉作用。

不同条件下锚固单体试样峰值强度变化趋势如图 4-8 所示。结合图 4-7 可知，试样峰值强度随 σ_2 增大而增大，随含水率增大线性降低。$\sigma_2=2$ MPa 时，含水率为 3%～10.18% 条件下，试样峰值强度降低了 24.33%～69.05%；$\sigma_2=4$ MPa 时，试样峰值强度降低了 24.29%～70.41%；$\sigma_2=6$ MPa 时，试样峰值强度降低了 23.96%～65.04%；$\sigma_2=8$ MPa 时，试样峰值强度降低了 22.38%～67.66%。

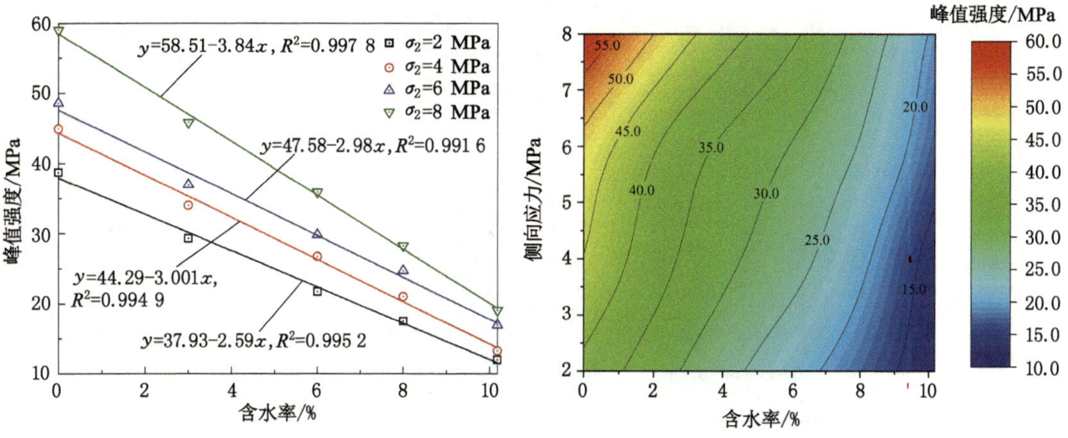

(a) 试样峰值强度随含水率变化趋势　　(b) 峰值强度等值线图

图 4-8　不同条件下锚固单体试样峰值强度变化趋势

由图 4-8(b)所示峰值强度等值线图可知，试样峰值强度受 σ_2 与含水率共同制约。当含水率≤3%时，σ_2 变化对试样峰值强度有较大影响，σ_2 的增大可显著提高试样承载能力。而当含水率>3%时，σ_2 变化对试样峰值强度影响程度随含水率增大逐渐降低。这表明含水率的增大会使试样内部水化作用加剧，从而削弱围压对锚固结构强度的增强作用。

4.2.2　锚固单体试样破坏特征

根据不同条件下锚固单体试样破坏特征及四类应力-应变关系，可归纳为以下四类典型破坏模式。

试样破坏模式Ⅰ特征如表 4-4 所示。由表 4-4 可知，试样破坏模式较复杂，试样变形表现为向临空面方向扩容，临空面附近泥岩受到张拉作用首先发生劈裂破坏，表现为“劈裂成板”。临空面岩石破坏后在锚杆作用下与后方完整岩体锚固在一起，试样仍具有承载能力。可以在试样表面观察到沿锚杆环向形成的裂隙，可以发现裂隙范围外岩石向外鼓出，而裂隙范围内即锚杆受力后形成的压缩区。随着轴向载荷的增大，裂隙损伤逐渐向试样内部扩展，试样内部产生多条剪切裂隙及一定数量的次生剪切裂隙和张拉裂隙，破坏试样无明显的控制破裂面。由于此时含水率较低，在砂岩破裂面上可以观察到剪切作用形成的岩粉，岩粉干燥、颗粒细腻，临空面附近泥岩主要呈片状剥落。且在含水率为 3% 及干燥条件下，试样破坏时在临空面处可观测到泥岩碎片弹射现象。

表 4-4　破坏模式Ⅰ特征

破坏模式Ⅰ		
外部条件：$0 \leqslant w \leqslant 6\%$		
$w=3\%$， $\sigma_2=2$ MPa	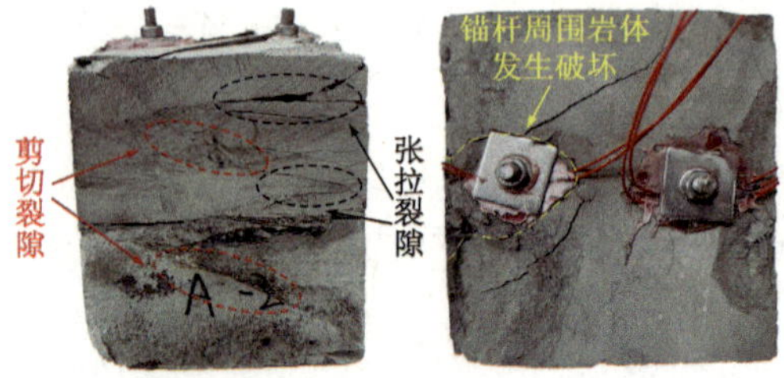	
$w=0$， $\sigma_2=4$ MPa	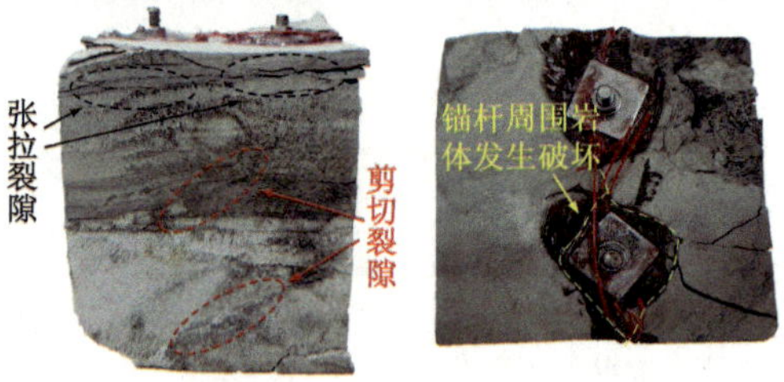	

试样破坏模式Ⅱ特征如表 4-5 所示。由表 4-5 可知，与破坏模式Ⅰ相似，试样产生张拉-剪切复合破坏。而由于含水率的增大，泥岩发生泥化现象，可以在泥岩表面观察到泥化脱落的岩石颗粒，砂岩表面岩粉受水影响黏聚在一起，呈泥沙状。泥岩泥化导致岩石结构松散、强度降低，临空面附近岩石破碎度增大。且岩石与锚杆间胶结效果发生弱化，锚杆受力形成的压缩区范围缩减，锚杆对破碎岩石的悬吊作用受到弱化。

表 4-5　破坏模式Ⅱ特征

破坏模式Ⅱ		
外部条件：$6\% < w \leqslant 8\%$		
$w=8\%$， $\sigma_2=2$ MPa	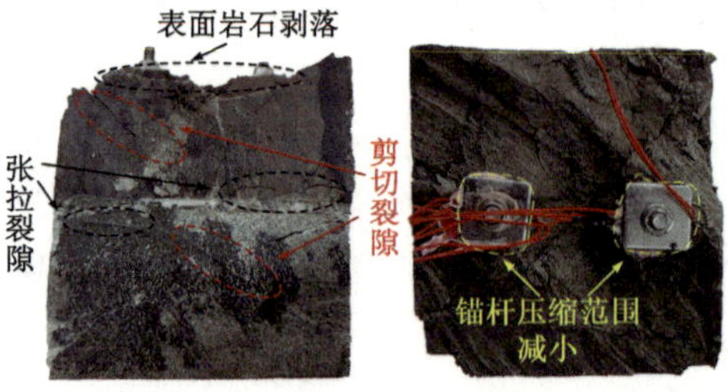	

表 4-5(续)

$w=8\%$, $\sigma_2=8$ MPa	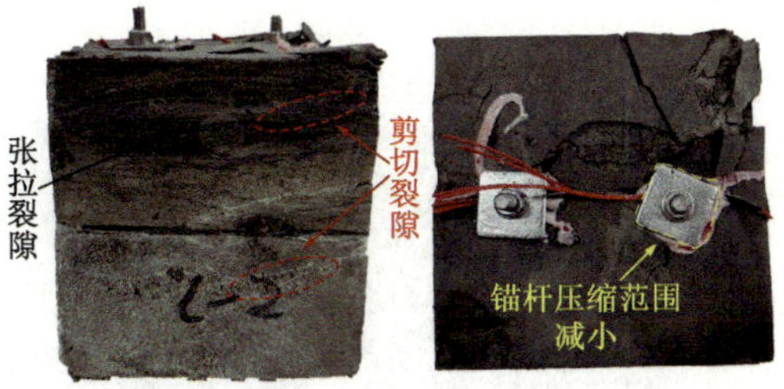	

试样破坏模式Ⅲ特征如表 4-6 所示。可以发现在饱和含水率下泥岩部分整体泥质化，且在试验前受水化损伤作用已发生宏观破坏,已丧失承载能力。且锚杆受泥岩泥化崩解影响,其对碎裂块体的悬吊作用已基本失效,仅起挤压作用,此时试样承载能力主要由砂岩提供,可以在砂岩部分观察到主控剪切裂隙。而当砂岩发生破坏后,试样整体承载能力迅速降低。

表 4-6　破坏模式Ⅲ特征

破坏模式Ⅲ		
外部条件:饱和含水率,$\sigma_2<4$ MPa		
$\sigma_2=2$ MPa	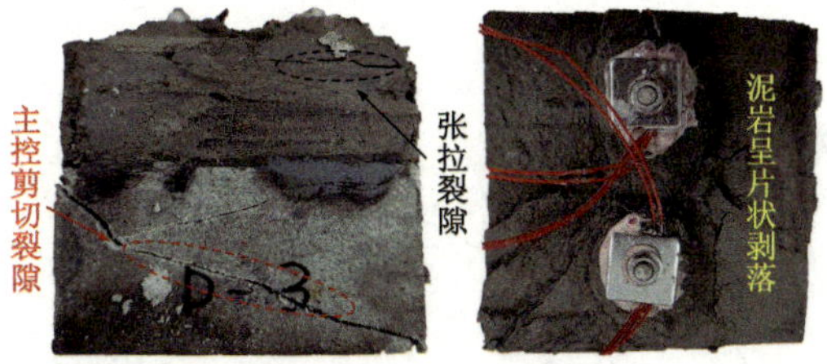	

试样破坏模式Ⅳ特征如表 4-7 所示。与破坏模式Ⅲ相似,泥岩部分泥质化且丧失承载能力,泥岩部分锚杆段已丧失锚固作用。在砂岩部分可以观察到主控剪切裂隙,在砂岩破坏后试样承载能力逐渐降低。由于此时侧向应力较高且岩石泥化大变形,各碎裂块体、锚杆在较高的外部载荷作用下相互压缩挤压导致发生应变硬化现象。

表 4-7 破坏模式Ⅳ特征

破坏模式Ⅳ	
外部条件：饱和含水率，$\sigma_2 \geqslant 4$ MPa	
$\sigma_2 = 8$ MPa	

4.3 不同含水率下锚固单体声发射特征

4.3.1 不同条件下锚固单体声发射特征

为更好地描述在水及侧向压力作用下锚固单体试样内部各结构间凝聚力变化，以及试验过程中试样内部体积单元损伤破坏情况，引入损伤系数 D_F[131]，其表达式如下：

$$D_F = M/M_0 \tag{4-1}$$

式中，M 为当前时刻试样累计 AE 事件数；M_0 为试样试验全过程累计 AE 事件数。

图 4-9 为 $\sigma_2 = 4$ MPa 条件下不同含水率锚固单体试样 AE 事件数、损伤系数随时间变化曲线。

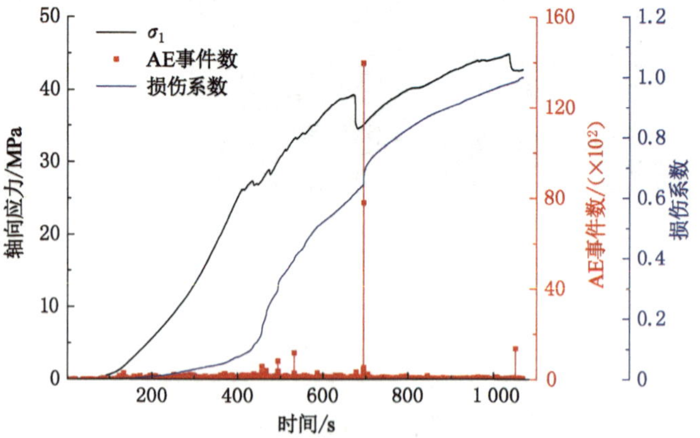

(a) w=0

图 4-9 不同含水率下锚固单体试样声发射特征

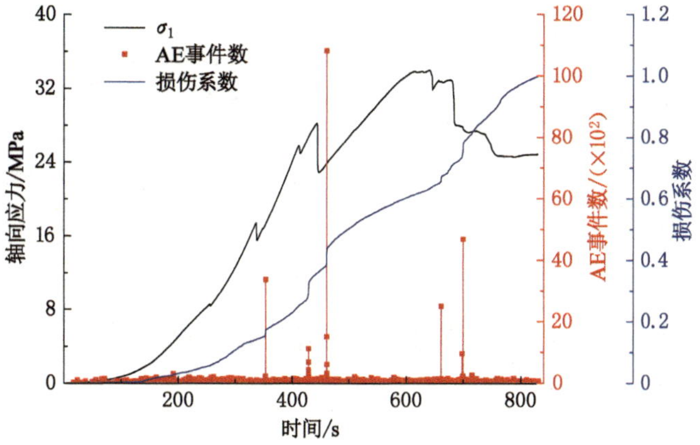

（b） w=3%

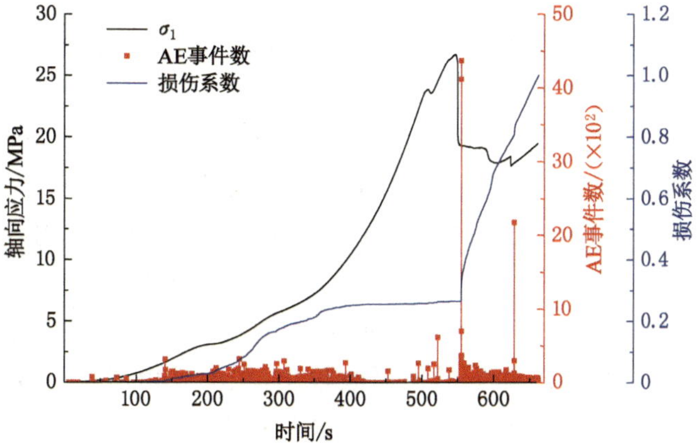

（c） w=6%

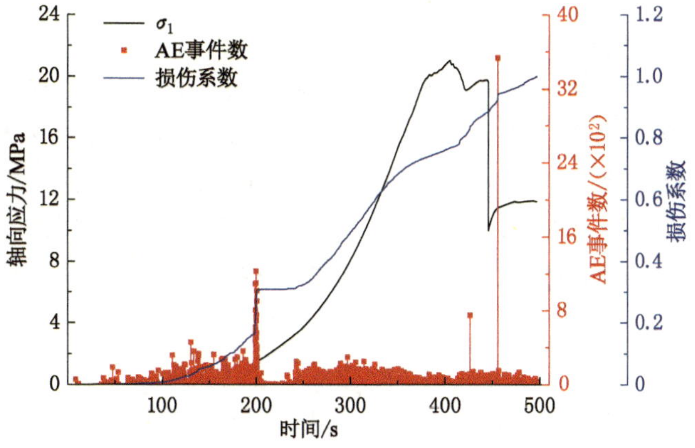

（d） w=8%

图 4-9（续）

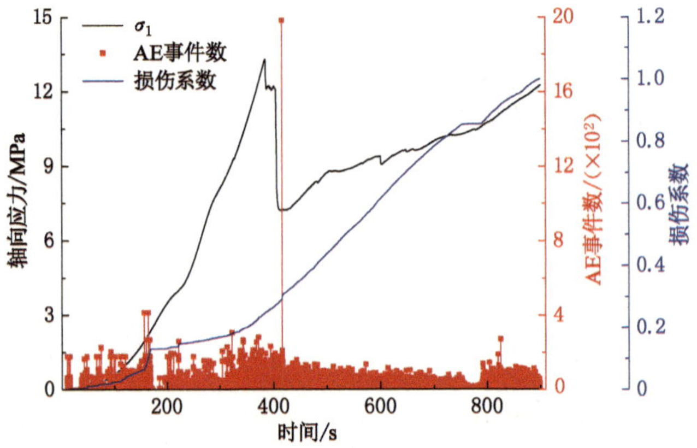

(e) w=10.18%

图 4-9(续)

由图 4-9 可知,含水率较低时($w<6\%$),试验加载初期 AE 事件数较少,损伤系数几乎无增长,此时试样内部以孔隙压密闭合为主,裂隙损伤发育较少。而在屈服阶段,声发射活动显著增加,损伤系数曲线斜率随时间延长而增加,试样内部裂隙损伤迅速发育,且可以在曲线应力跌落点处观察到 AE 事件数骤增,说明此时试样内部裂隙贯通并释放大量应变能。而在含水率较高时($w\geqslant6\%$),试验加载初期即可观察到大量声发射活动,对比含水率为 0、3%、6%、8%、10.18%试样损伤系数,峰值载荷 30%应力值对应损伤系数分别为 0.034 1、0.077 6、0.237 5、0.424 5、0.143 1,可以发现含水率为 6%~10.18%条件下试验初期试样内产生较多损伤(饱和含水率条件下损伤系数较小,主要是由于试样在试验前泥岩部分就已发生宏观破坏,故试验初期裂隙发育相对含水率为 6%~8%时的少)。且对比含水率为 0、3%、6%、8%、10.18%试样 AE 事件数峰值(13 973、10 818、4 372、3 533、1 984)可以发现,AE 事件数峰值随着含水率的增大而减小。这说明随着试样受水侵蚀软化,试样内部损伤更易发育,并且裂隙扩展贯通所需能量减少。

图 4-10 为含水率 6%条件下不同 σ_2 锚固单体试样 AE 事件数、损伤系数随时间变化曲线。由于水化损伤程度较高,不同试样均在加载初期就释放大量声发射信号,且在应力跌落点附近 AE 事件数达到峰值。可以发现,随着 σ_2 的增大,AE 事件数分布逐渐加密,AE 事件数峰值逐渐减小,σ_2=2 MPa、4 MPa、6 MPa、8 MPa 试样峰值 AE 事件数分别为8 115、4 372、3 879、1 254,说明 σ_2 对试样内部各裂隙间的聚结贯通有一定的抑制作用。

4.3.2 不同条件下锚固单体裂隙发育类型

由锚固单体试样破坏特征可知,试样在破坏时产生的裂隙主要分为劈裂裂隙和剪切裂隙。而根据 Shiotani 等[132]得出的岩石声发射测试结果可知,声发射 RA 值(上升时间/幅值,ms/dB)与裂隙种类密切相关,劈裂裂隙对应较高的 RA 值,剪切裂隙对应较低的 RA 值。

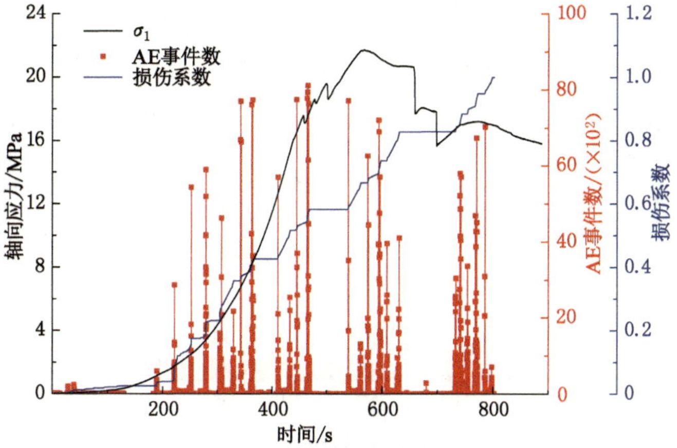

(a) σ_2=2 MPa

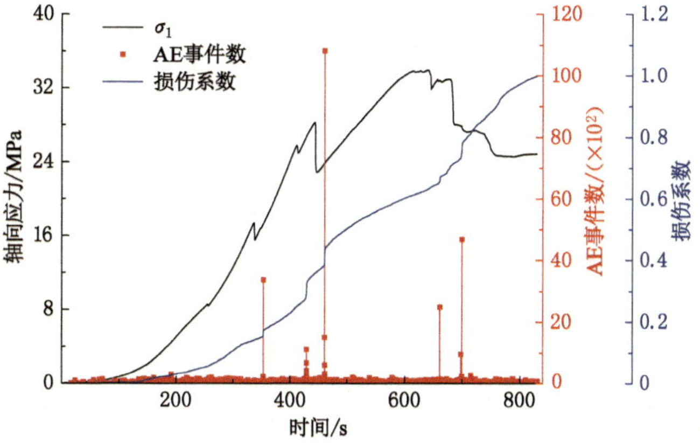

(b) σ_2=4 MPa

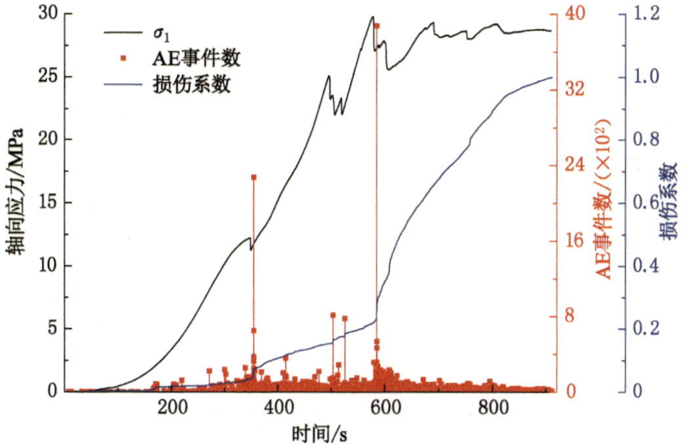

(c) σ_2=6 MPa

图 4-10 含水率为 6%时不同 σ_2 下锚固单体试样声发射特征

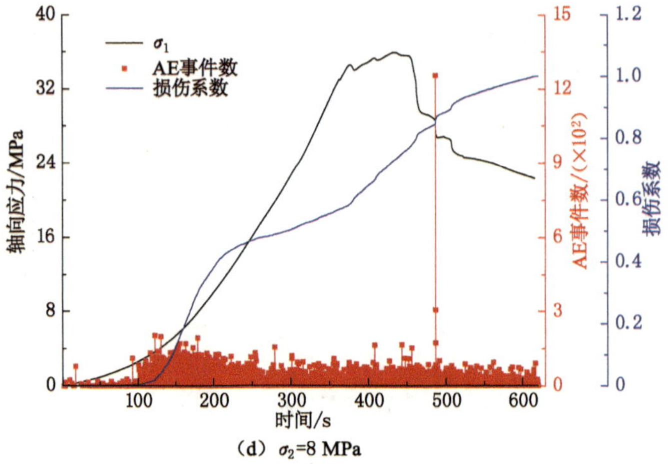

(d) σ_2=8 MPa

图 4-10(续)

图 4-11 为 $\sigma_2=4$ MPa、不同含水率下锚固单体试样轴向应力、RA 值与时间关系曲线。由图 4-11 可知,RA 值分布表现出与 AE 事件数相近的趋势,含水率较低时($w<6\%$)仅在轴向应力跌落点附近可观察到较高的 RA 值,在其他阶段 RA 值普遍较低,RA 值频繁出现并伴随少量较高 RA 值。这说明试样新生裂隙以剪切裂隙为主,而对试样承载能力损伤较大的控制裂隙均为劈裂裂隙。含水率较高时($w\geqslant6\%$),可以发现除应力跌落点处 RA 值发生骤增现象外,在其他阶段也可观察到较高 RA 值且出现频率显著增加。这是由于试样在受到轴向压力的同时在泊松效应下内部会产生沿临空面法向的拉应力,而含水率的增大使岩石强度在水化作用下不断降低,使岩石颗粒间断裂方式由以剪切破坏为主转变为以张拉破坏为主。

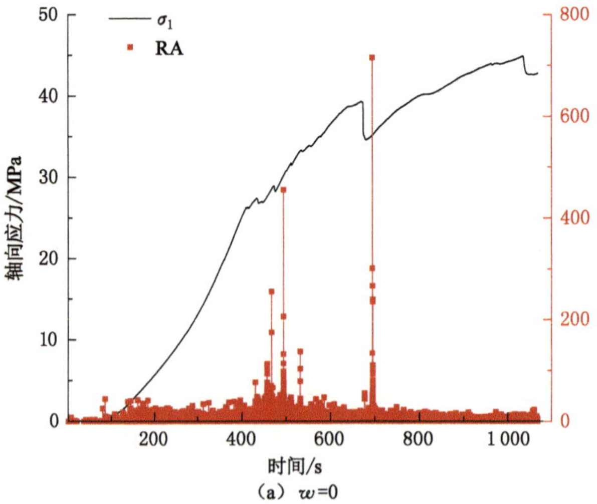

(a) w=0

图 4-11 $\sigma_2=4$ MPa 时不同含水率锚固单体试样应力-RA 值-时间关系曲线

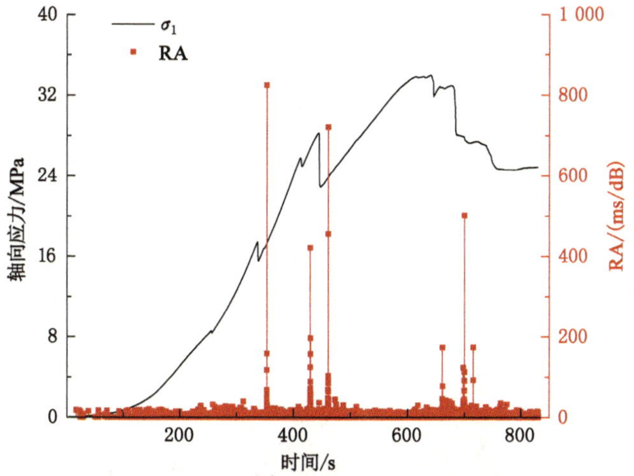

（b）w=3%

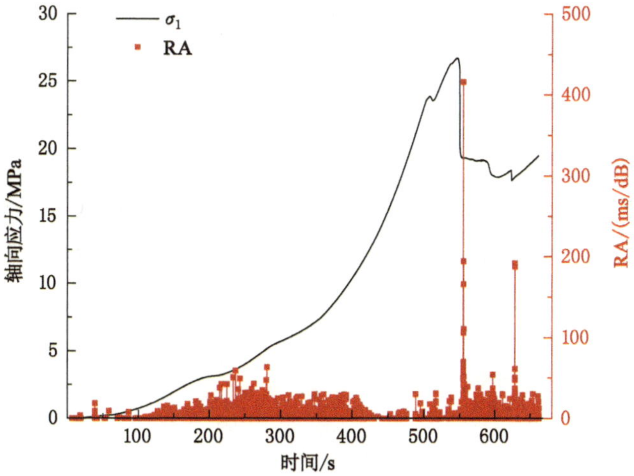

（c）w=6%

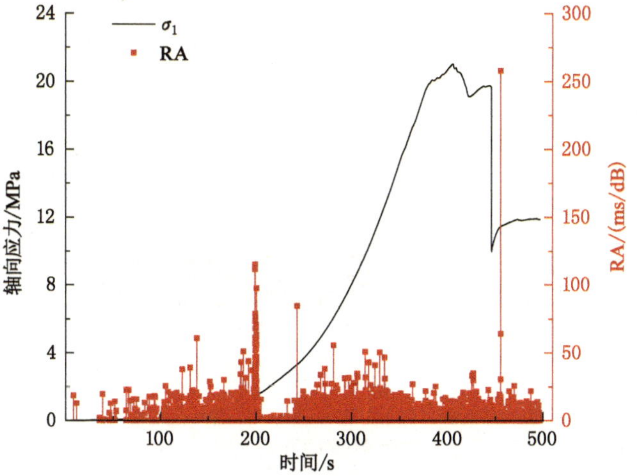

（d）w=8%

图 4-11(续)

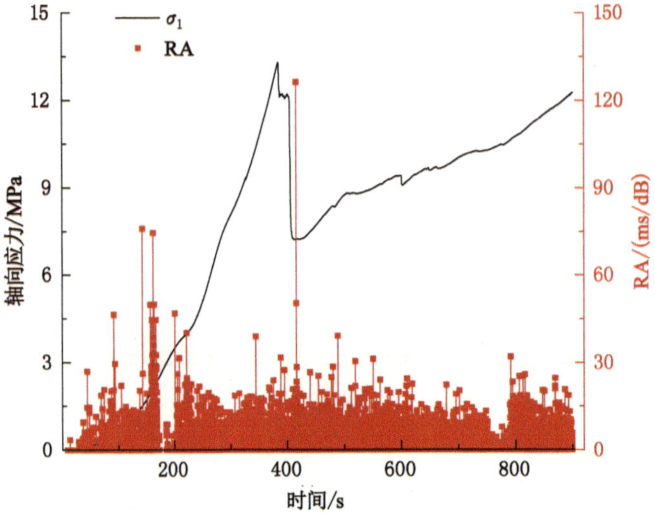

(e) w=10.18%

图 4-11(续)

图 4-12 为不同 σ_2 下锚固单体试样轴向应力、RA 值与时间关系曲线。可以发现，随着侧向压力的增大，试验过程中 RA 值明显减小。这说明在相同含水率下，随着 σ_2 的增大，试样内部裂隙损伤扩展由以张拉破坏为主逐渐转为以剪切破坏为主。

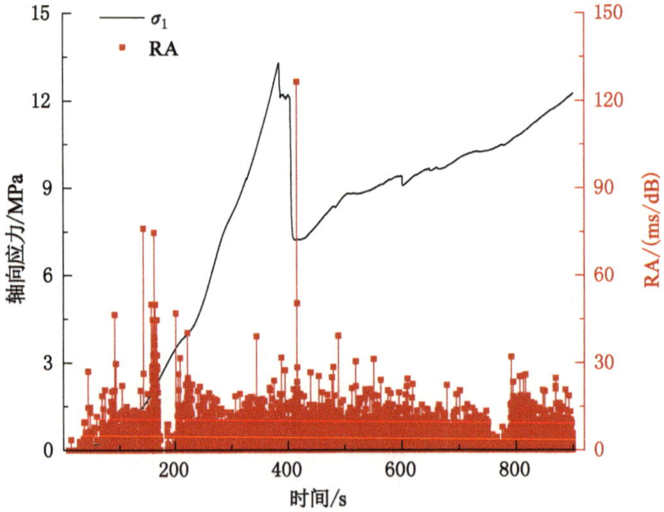

(a) σ_2=2 MPa

图 4-12　不同 σ_2 下锚固单体试样应力-RA 值-时间关系曲线

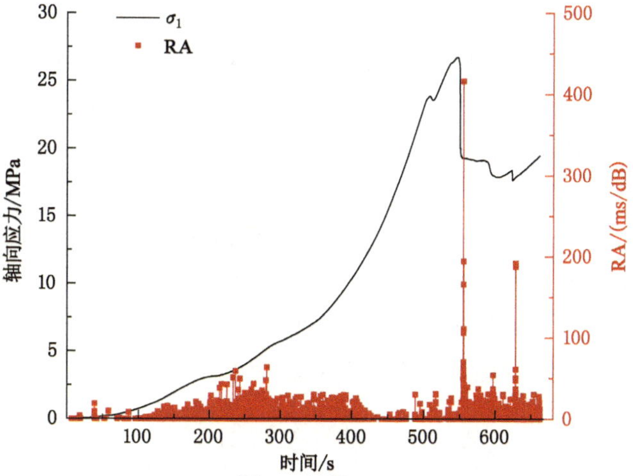

（b） σ_2=4 MPa

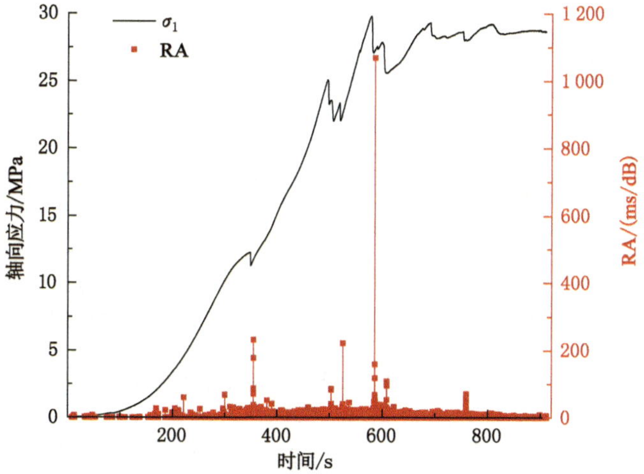

（c） σ_2=6 MPa

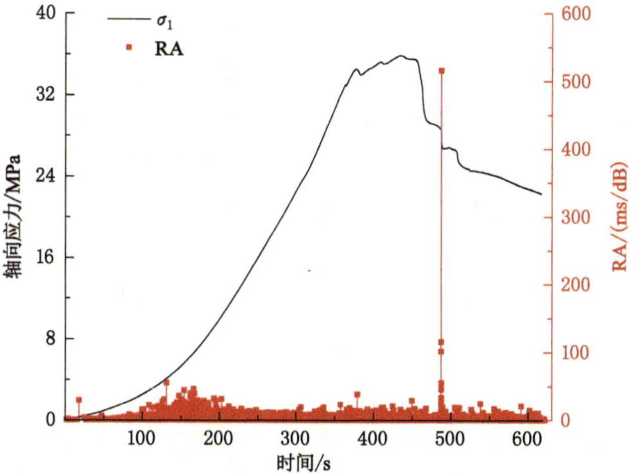

（d） σ_2=8 MPa

图 4-12(续)

4.4 不同含水率下锚杆轴力分布及演化规律

根据试验得到的 4 种不同锚固单体试样变形破坏模式，分别对 4 种模式下试样锚杆轴力分布及演化规律进行分析。

破坏模式Ⅰ：以含水率为 0、$\sigma_2=8$ MPa 条件下试样锚杆轴力演化规律为例，如图 4-13(a)所示。取 $p_1 \sim p_4$ 4 个时间点（分别对应曲线首个峰值点对应强度的 30%、曲线首个峰值点、应变强化段峰值强度的 80%、应变强化段峰值强度点）对应的 3 个测点数据绘制轴力分布曲线，其中外部测点对应横坐标零点，如图 4-13(b)所示。

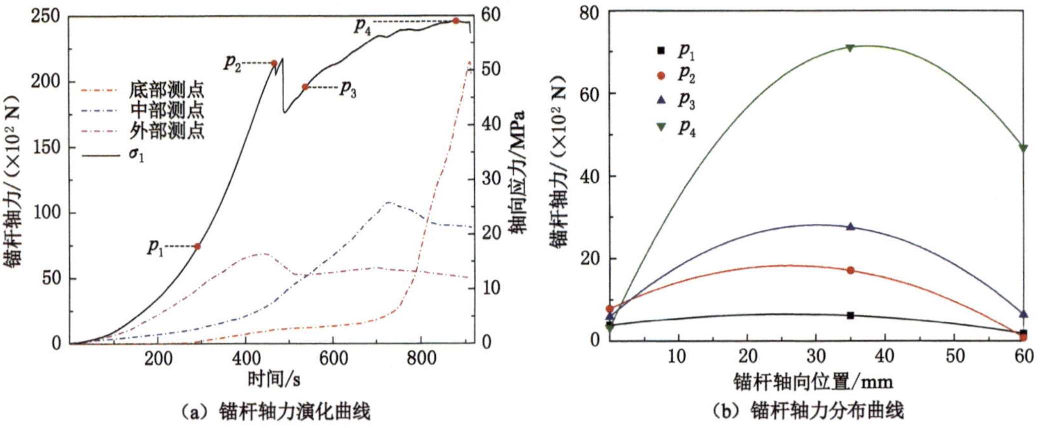

图 4-13　$w=0$、$\sigma_2=8$ MPa 条件下锚杆轴力演化及分布曲线

由图 4-13 可知，在 p_2 点之前，3 个测点处的轴向受力均随时间延长而逐渐增大，其中外部测点处轴力增长速率最大，而内部测点处轴力增长最缓慢，且在 p_1 点前几乎无变化。在 $p_2 \sim p_3$ 时，临空面附近岩石受张拉作用致使泥岩表层先发生破坏，外部测点处锚固段逐渐失效，表层破碎岩石在锚杆悬吊作用下与试样内部完整岩体锚固在一起，从而导致围岩应力向内部转移，外部段轴力逐渐下降，中部测点处轴力增长速率增大。而在 $p_3 \sim p_4$ 时，随着 σ_1 的增大裂隙损伤逐渐向试样内部扩展，中部测点处轴力逐渐失效，底部段轴力显著增大，破碎泥岩部分受锚杆挤压加固作用及悬吊作用与后方砂岩仍形成锚固结构，试样仍具有承载能力。

破坏模式Ⅱ：以含水率为 8%、$\sigma_2=2$ MPa 条件下试样锚杆轴力演化规律及分布为例，如图 4-14 所示，其中 $p_1 \sim p_4$ 时刻分别对应峰值强度 30%对应点、峰值强度点、峰后峰值强度 90%及 80%对应点。

可以发现，p_2 点前试验过程中外部段轴力增长缓慢，而中部段轴力高于外部段，在 $p_1 \sim p_2$ 时，外部段轴力由 656.89 N 增大为 1 069.53 N，而底部段轴力由 1 988.76 N 增大为 2 947.37 N。这说明在较高的含水率下，水化作用加剧导致泥岩结构疏松且表层岩石在外部载荷作用下已碎裂脱落，锚杆与岩石间胶结效果发生劣化，随着 σ_1 的增大临空面附近

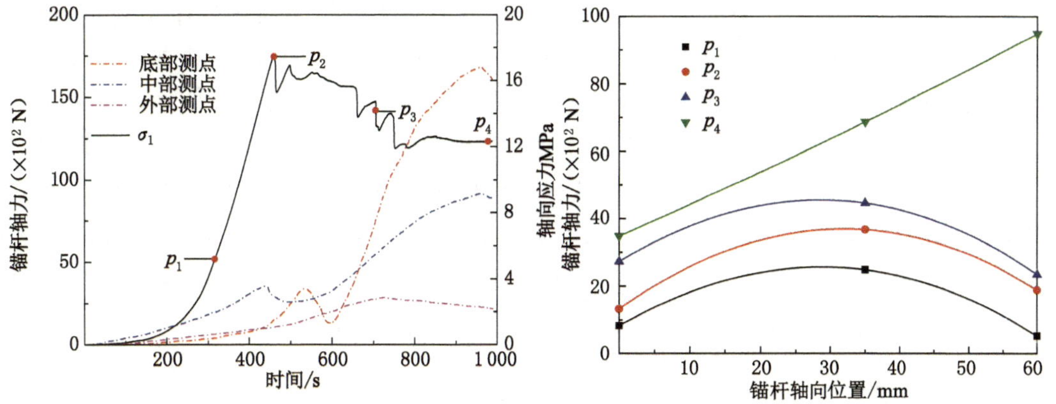

(a) 锚杆轴力演化曲线　　(b) 锚杆轴力分布曲线

图 4-14　$w=8\%$、$\sigma_2=2$ MPa 条件下锚杆轴力演化及分布曲线

岩石首先发生松动破坏，从而导致外部段与岩石间的锚固效果受损。在 $p_2\sim p_3$ 时，随着泥岩部分整体破坏，中部段轴力逐渐下降，底部段轴力迅速增加，在 p_3 点轴向应力趋于恒定，这说明破碎泥岩在锚杆悬吊作用下与较为完整的砂岩部分重新形成锚固结构。在 $p_3\sim p_4$ 时，随着砂岩部分整体发生破坏，底部段逐渐失效，锚杆轴力逐渐下降。而 p_4 点后，可以发现底部段与中部段轴力回升，这是由试样向临空面变形形成张拉作用以及锚杆与岩石间摩擦作用导致。

破坏模式Ⅲ：图 4-15 为 $\sigma_2=2$ MPa、饱和含水率条件下试样锚杆轴力演化规律及分布，其中 $p_1\sim p_4$ 时刻分别对应峰值强度 10%、30%、70% 对应点及峰值强度点。可以发现，p_1 点前中部段轴力增长速率最快，而在 $p_1\sim p_2$ 时底部段轴力增长速率超过中部段，这说明由于泥岩已在水化作用下泥化并发生宏观破坏，泥岩部分锚杆与岩石间胶结能力已基本丧失，仅起挤压摩擦作用，此时试样承载能力主要由砂岩部分及锚杆挤压摩擦作用提供。在 p_4 点附近，随着砂岩部分发生破坏，底部段逐渐失效，试样整体破坏松动，锚杆轴力整体跌落。

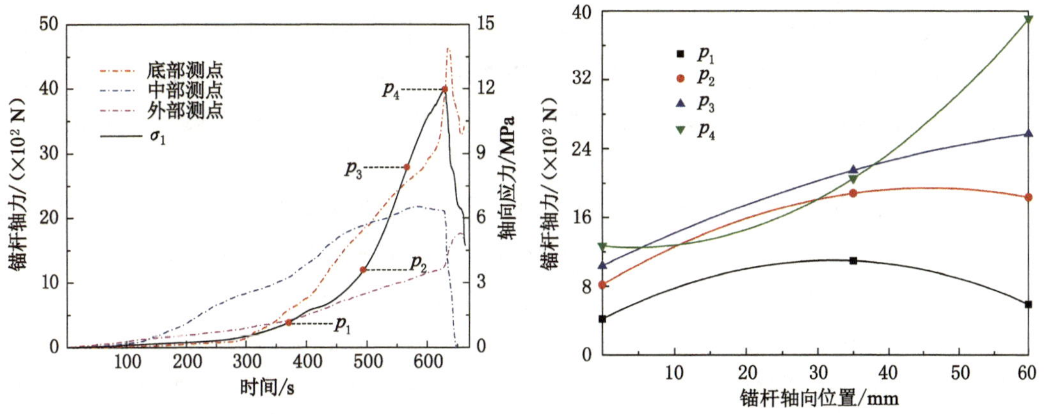

(a) 锚杆轴力演化曲线　　(b) 锚杆轴力分布曲线

图 4-15　$\sigma_2=2$ MPa、饱和含水率条件下锚杆轴力演化及分布曲线

破坏模式Ⅳ:以 $\sigma_2=6$ MPa、饱和含水率条件下试样锚杆轴力演化规律及分布为例,如图 4-16 所示,其中 $p_1\sim p_4$ 时刻分别对应峰值强度 70%、峰值强度点、峰后应力跌落段与应变硬化段拐点、应变硬化段峰值点。由图 4-16 可知,p_1 点前锚杆轴力增长趋势与破坏模式Ⅲ条件下一致,而在 $p_1\sim p_2$ 时底部段轴力增长较缓慢,中部段轴力持续增长,这是由于较高的侧向应力提高了试样变形破坏的延性,各泥岩破裂块体及锚杆在侧向应力作用下相互挤压,仍具有一定承载能力。在 $p_2\sim p_3$ 时,随着砂岩部分整体发生破坏,轴向应力与底部段轴力发生跌落。而在 $p_3\sim p_4$ 时,受临空面卸荷效应形成的张拉作用,轴向应力与底部段轴力逐渐回升,但由于岩石泥化破碎,试样变形较大,锚固结构已失效。

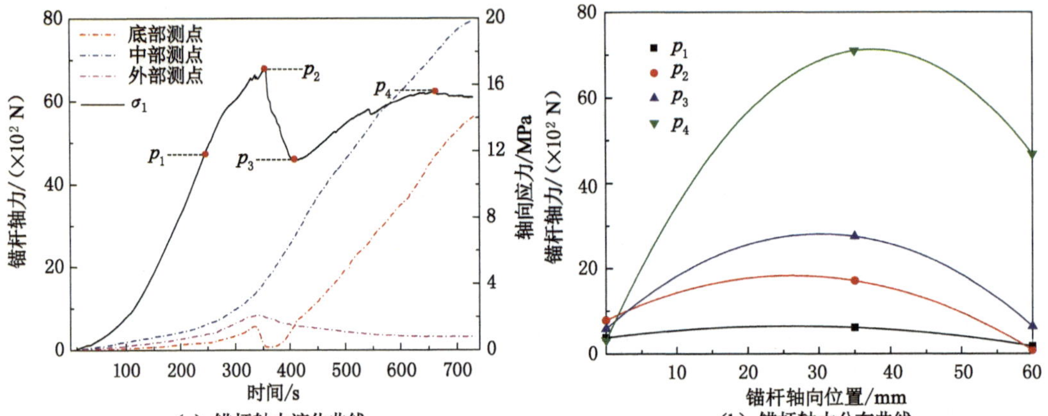

(a) 锚杆轴力演化曲线 (b) 锚杆轴力分布曲线

图 4-16 $\sigma_2=6$ MPa、饱和含水率条件下锚杆轴力演化及分布曲线

4.5 含水率影响下锚固单体失稳机制

由不同条件下软岩锚固单体试样加载试验结果可知,含水率较低时,水对锚固结构侵蚀作用不明显,围岩仍保持较高的完整性。巷道表面围岩破裂后,锚杆可以有效发挥其锚固作用,将表层破裂岩体与深部完整岩体锚固在一起,限制围岩向巷道空间内变形。而随着水化作用加剧,软弱岩体泥化崩解,围岩内部产生大量孔洞裂隙,整体结构疏松,承载能力大幅降低。且锚杆与围岩间胶结能力受损,协同作用丧失,无法有效限制岩体沿锚杆轴向变形。

$\sigma_2=4$ MPa、不同含水率下锚杆失效形式如图 4-17(a)所示(从左向右对应含水率分别为 0、3%、6%、8%、10.18%)。由图可知,不同含水率下试样锚杆-锚固剂结构均保持完好。在含水率为 0 和 3%条件下,可以发现锚固剂表面黏附有残留泥岩碎块。在含水率为 6%时,锚固剂表面仅有残留泥岩碎屑。而在含水率为 8%和 10.18%条件下,可以发现锚固剂与岩石脱黏,表面可以观察到脱落的泥浆,且试样制备过程中(安装锚杆前)可在岩石钻孔内发现钻孔表面泥岩颗粒泥化脱落,从而使锚固剂难以对岩石与锚杆进行有效黏结,如图 4-17(b)所示。这表明水化作用的加剧不仅会对岩石造成损伤,还会使岩石-锚固剂间黏结逐渐失效,造成锚杆与岩石发生解耦,故高含水率下锚固结构失效主要由两个界面发生破坏导致：锚固剂周边岩体破碎及锚固剂与围岩脱黏，锚杆与周边岩体无法形成有效的承载结构，致使巷道承载结构整体失效、围岩大变形。

(a) 锚杆失效形式

(b) 泥岩泥化脱落

图 4-17　不同含水率下锚杆状态

第 5 章　围岩-锚固剂结构直剪特征

第 4 章通过不同含水率下锚固单体试验获取了软岩锚固单体在水化损伤作用下的强度、变形破坏规律与声发射特征，由试验结果可知，水作用下泥岩锚固结构失稳破坏主要原因为岩石部分破碎泥化、岩石-锚固剂脱黏，进而导致锚杆与围岩间协同作用的丧失，最终锚固结构整体失稳。

由图 5-1 可知，锚杆通过锚固剂与钻孔浅表围岩形成共同承载体，进而通过浅表围岩与深层围岩协同形成耦合承载结构，因此浅表围岩与锚固剂耦合体的力学性能、完整性以及二者界面的黏结能力对于锚固结构承载能力十分关键。而前文受限于试验手段，获取锚固体变形破坏过程中岩石-锚固剂结构力学特性与破坏特征随含水率演化规律较为困难。基于此，本章采用将围岩-锚固剂结构分离出来的方法，消除锚固结构中其他组成部分的影响。通过不同法向应力、不同含水率下直接剪切试验与声发射试验，研究水化损伤作用下围岩-锚固剂结构力学性能与声发射演化规律，并结合不同含水率下围岩-锚固剂界面劈裂试验，研究水对界面黏结能力的弱化作用。

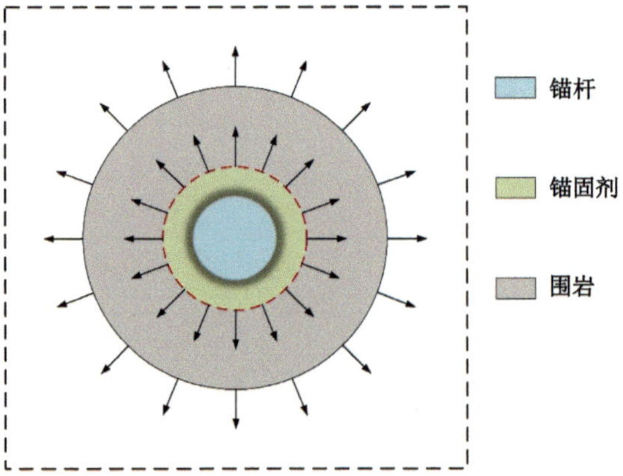

图 5-1　锚杆作用示意图

5.1　试验方案

分别制备尺寸为 100 mm×100 mm×50 mm 的方形试件及 ϕ50 mm×50 mm 的半圆柱体试件，为保证试验所制备试件的一致性，利用非金属超声波检测仪对所制备的岩石试件进行检测，选取波速相近的试件用于后续试验，部分试样如图 5-2 所示。

图 5-2　泥岩试件

富水巷道施工过程中，围岩受开挖卸荷效应产生裂隙，会形成导水通道沟通含水层，巷道周边岩体在锚杆(索)安装前已处于浸水状态。为贴合实际工程条件，模拟富水巷道围岩-锚固剂结构失稳过程，研究水影响下围岩-锚固剂结构剪切力学性能，制定如下试验方案。

将方形泥岩试样放置于干燥箱内，由于所取泥岩内含结晶水(蒙脱石)，烘干温度设置为 65 ℃，烘干时间为 12 h。采用 YH-40B 型标准恒温恒湿养护箱对干燥岩样浸水(湿度设置为 95%，温度为 25 ℃)，直至岩样含水率达到设定值。在浸水过程中，每隔一段时间将岩样取出称重，泥岩含水率随浸水时间变化关系如图 5-3 所示。

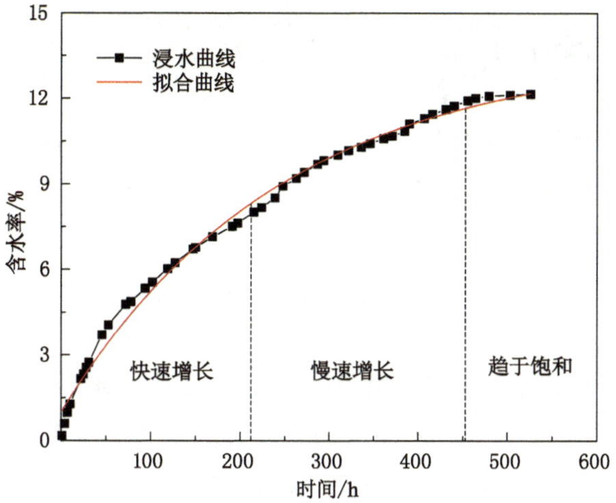

图 5-3　泥岩含水率随浸水时间变化曲线

为研究水对围岩-锚固剂结构剪切力学性能的影响，需要选取具有代表性的岩石试件含水率，根据图 5-3 中含水率随浸水时间变化的三个阶段(Ⅰ快速增长、Ⅱ慢速增长、Ⅲ趋于饱和)，确定直剪试验所需含水率分别为 0、3%、6%、9%、12.04%(饱和含水率)。直剪试验选用环氧树脂配合固化剂作为锚固材料，其力学性能与矿用树脂锚固剂有较好的一致性，可以满足试验要求。岩样含水率达到设定值后置入模具，将环氧树脂与固化剂搅拌均匀后倒入模具内，所制备剪切试样如图 5-4 所示，尺寸为 100 mm×100 mm×100 mm。

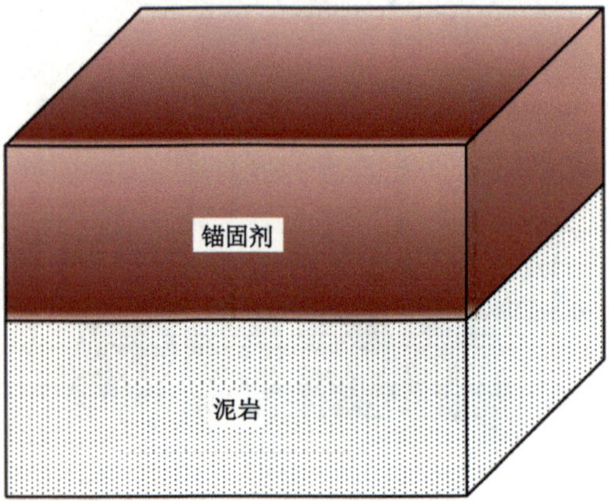

图 5-4 泥岩锚固试样

试验系统主要包括直剪试验系统与声发射监测系统，如图 5-5(a)所示。直剪试验系统采用 YZW50B 型微机控制电动应力式直剪仪，电液伺服控制，试验过程中力和位移等数据由软件自动采集，可加载最大法向载荷为 300 kN，最大切向载荷为 500 kN。

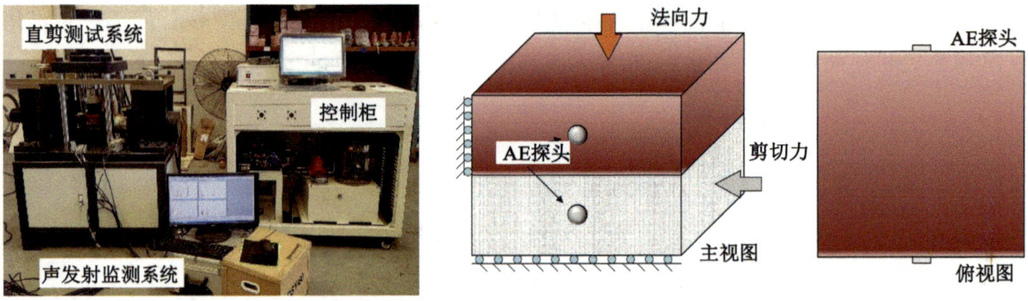

(a) 直剪测试系统　(b) AE监测系统

图 5-5 直剪测试系统与 AE 监测系统

Aziz[133]研究表明，锚杆安装完成后由于工程扰动及应力重分布导致的钻孔壁法向压力通常小于 10 MPa，且含水率为 0、3%、6%、9%、12.04%条件下泥岩单轴抗压强度分别为 11.68 MPa、5.91 MPa、3.57 MPa、2.03 MPa、0.96 MPa，因此本次试验法向应力 σ_n 取 0.25 MPa、0.5 MPa、1 MPa、3 MPa。试验加载应力路径为先加法向载荷至设定值，随后保持法向载荷恒定，切向载荷采用位移控制，加载速率为 0.01 mm/s，直剪试验具体参数见表 5-1。同时为进一步掌握不同含水率下围岩-锚固剂结构剪切破坏特征，采用声发射系统同步监测试验全过程声发射特征，声发射监测系统为 PCIE-Q87-i2 型声波声发射一体化测试系统，由于不进行声发射定位研究，采用 4 个声发射探头采集信号，能够满足试验需要。门槛值设置为 40 dB，声发射采样频率范围设定为 1 kHz～1 MHz。

表 5-1　试验设定值

含水率/%	试样编号
	法向应力 σ_n=0.25 MPa、0.5 MPa、1 MPa、3 MPa
0	1-1～1-4
3	A-1～A-4
6	B-1～B-4
9	C-1～C-4
12.04	D-1～D-4

为了进一步研究水对围岩-锚固剂结构的弱化作用，利用巴西劈裂试验研究不同含水率下岩石-锚固剂黏结面抗拉强度变化，通过对比不同含水率下黏结面抗拉强度及试件破坏模式变化，分析水对围岩-锚固剂界面黏结性能的弱化作用。

不同含水率下岩石试样制备过程同上，所制备的抗拉强度测试试样如图 5-6 所示。试验采用 MTS C64.106 型电液伺服万能试验机，试验过程中采用位移加载方式，加载速率控制为 0.5 mm/min。

图 5-6　抗拉强度测试试样

5.2　不同含水率下泥岩锚固试样剪切力学特性

5.2.1　泥岩锚固试样变形特征

图 5-7 为不同 σ_n、不同含水率下泥岩锚固试样剪切应力-剪切位移曲线图。其中含水率为 12.04%条件下泥岩-锚固剂试样黏结面间已几乎无黏结力，仅受轻微扰动黏结面即会脱黏，泥岩部分发生明显泥化现象并沿弱面开裂(具体破坏模式见后文)。

由图 5-7 可知，不同条件下试样应力-位移曲线均表现出相似规律。在试验初期，由于

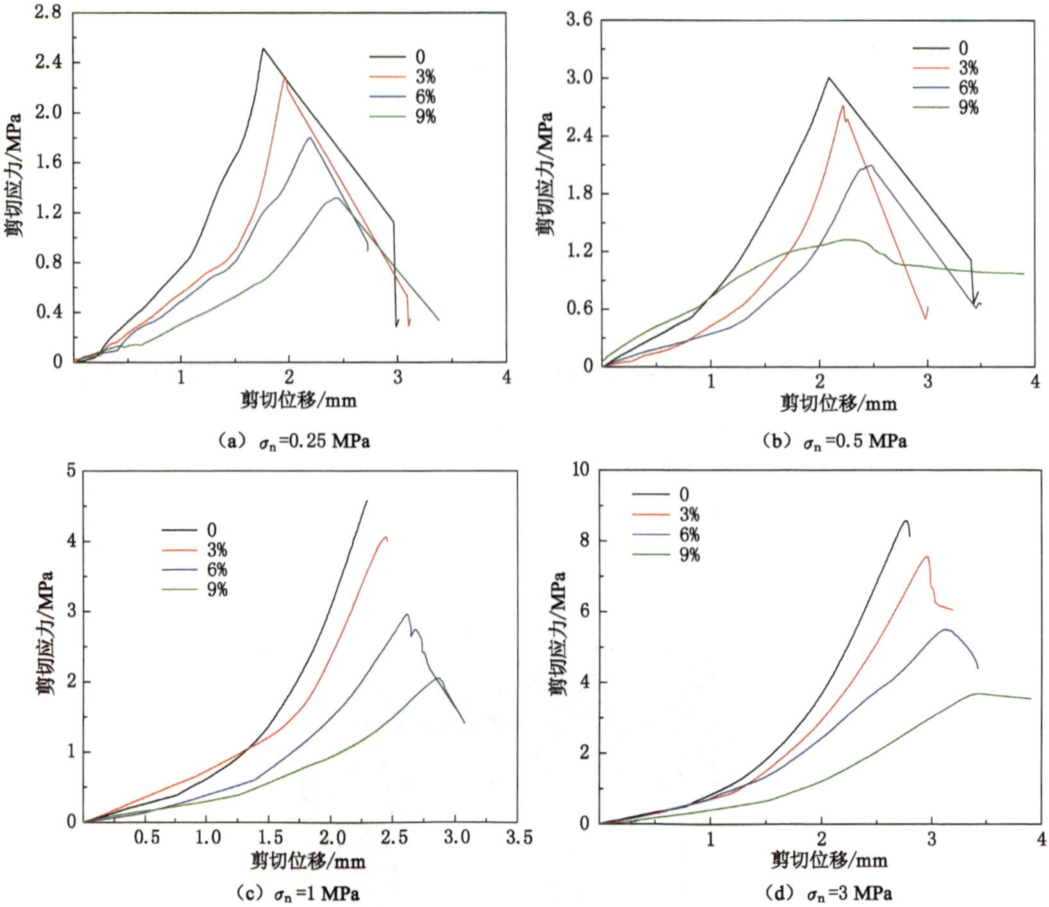

(a) σ_n=0.25 MPa　(b) σ_n=0.5 MPa　(c) σ_n=1 MPa　(d) σ_n=3 MPa

图 5-7　剪切应力-剪切位移关系曲线

界面(若无特别说明,均指泥岩/围岩-锚固剂界面)附近泥岩内含有初始孔隙,随剪切应力增大初始孔隙闭合,曲线呈现上凹状。随着剪切应力的增大,曲线趋于直线,剪切应力与剪切位移逐渐呈线性关系。当剪切应力达到峰值强度时,泥岩与锚固剂间黏结迅速失效,泥岩部分损伤裂隙发育扩展,剪切位移快速增大,试样发生破坏,剪切应力快速跌落并逐渐趋于残余强度。可以发现,σ_n 较小时应力-位移曲线存在明显波动,随着 σ_n 增大曲线逐渐平滑。在含水率较小时试样在应力达到峰值后迅速破坏,曲线出现陡降,随着含水率增大,曲线峰后降低趋势逐渐趋于平缓。

泥岩锚固试样抗剪强度随含水率变化趋势如图 5-8(a)所示。σ_n 相同时,试样抗剪强度随含水率增大而减小。其中 σ_n 为 0.25 MPa 条件下,试样抗剪强度随含水率增大降低了 8.97%～47.51%;σ_n 为 0.5 MPa 条件下,试样抗剪强度降低了 9.7%～56.0%;σ_n 为 1 MPa 条件下,试样抗剪强度降低了 11.15%～55.2%;σ_n 为 3 MPa 条件下,试样抗剪强度降低了 11.63%～56.93%。含水率相同条件下,试样抗剪强度随 σ_n 增大而增大。含水率为 0 条件下,试样抗剪强度随 σ_n 增加而增大了 49.66%～241.22%;含水率为 3%条件下,

试样抗剪强度随 σ_n 增加而增大了 18.83%～231.26%；含水率为 6%条件下，试样抗剪强度随 σ_n 增加而增大了 16.29%～205.17%；含水率为 9%条件下，试样抗剪强度随 σ_n 增加而增大了 0.42%～180.0%。且随着含水率的增大，试样抗剪强度随 σ_n 增加而增大的幅度不断减小。

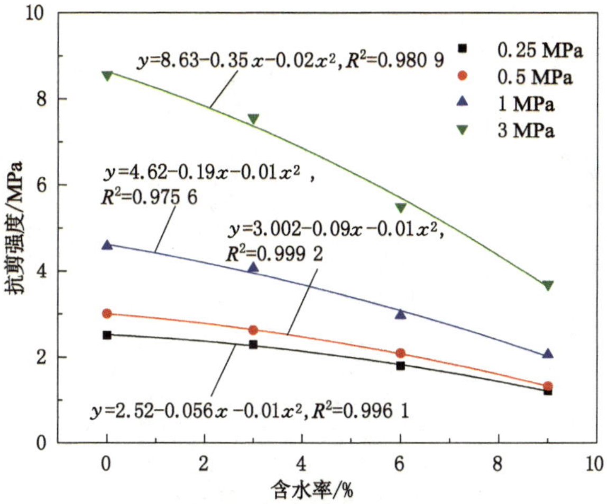

(a) 试样抗剪强度随含水率变化趋势

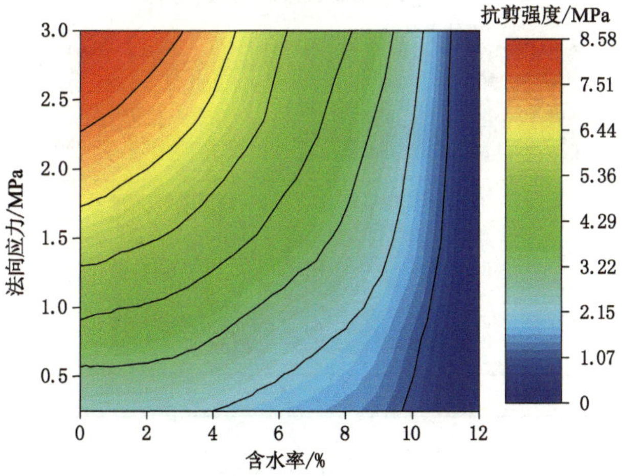

(b) 抗剪强度等值线图

图 5-8　不同条件下抗剪强度变化趋势

图 5-8(b)为不同条件下抗剪强度等值线图，可以发现含水率与 σ_n 均会影响试样的抗剪强度。在较低含水率条件下，σ_n 变化对试样抗剪强度有较为显著的影响，试样抗剪强度随着 σ_n 增大而增大，而随着含水率的增大，σ_n 对试样强度的影响被削弱，当含水率大于 9%时，试样抗剪强度几乎不受 σ_n 变化影响。而不同 σ_n 下试样抗剪强度均显著受到含水率变化影响，且随着 σ_n 增大，水的弱化作用显著提升。这说明水化作用会对泥岩内部造成损伤，并严重弱化岩石-锚固界面的黏结作用，且随着含水率的增大，水的弱化作用加剧，试样抗剪强度降低越明显。

5.2.2 试样破坏特征

图 5-9 列出了不同含水率下泥岩锚固试样典型剪切破坏模式。由图 5-9 可知，不同条件下试样破坏形态可以归纳为四类典型破坏模式。

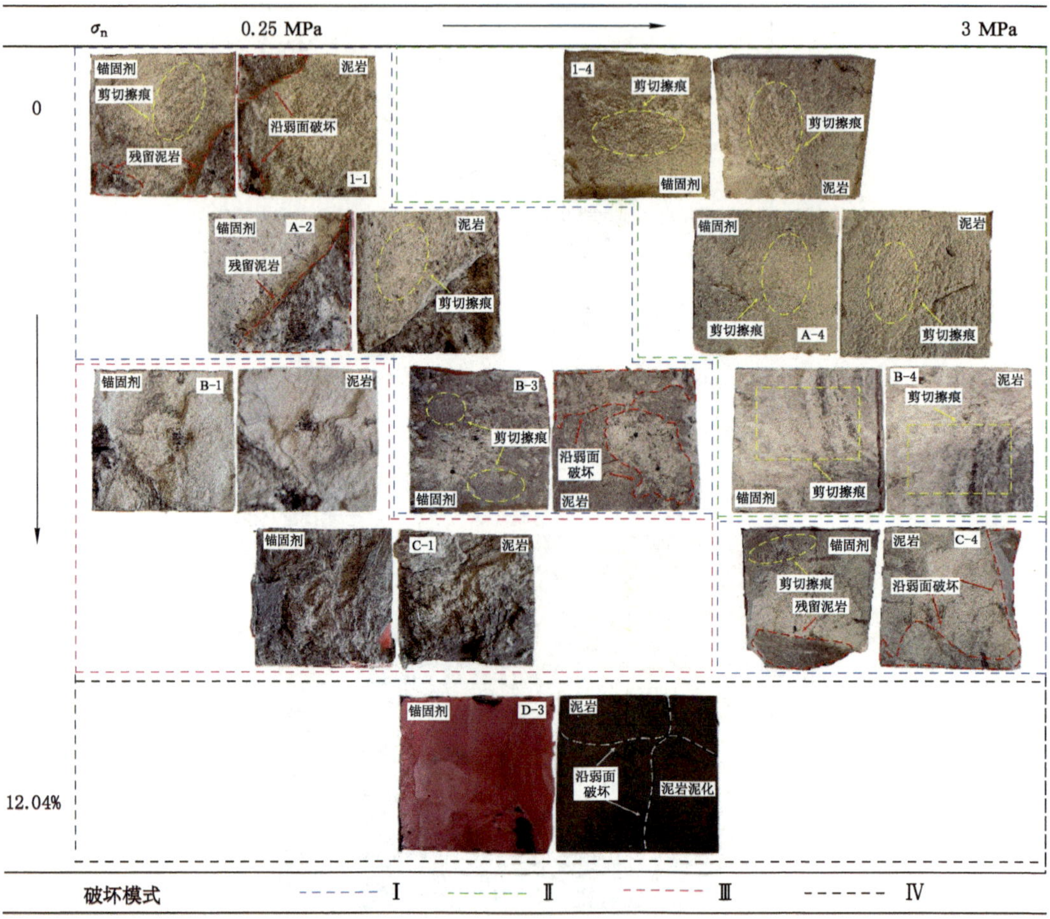

图 5-9　典型破坏模式

破坏模式Ⅰ：试样破坏模式呈混合剪切破坏，即试样沿黏结面与黏结面附近部分泥岩组成的弱场区域发生剪切破坏，主要表现为树脂侧黏附有小块或多块泥岩，此时泥岩锚固试样各部分抗剪强度表现为泥岩抗剪强度>黏结面抗剪强度>黏结面附近泥岩弱面抗剪强度。根据试验结果，当泥岩含水率较低时，在较低 σ_n 条件下(含水率为 0，σ_n=0.25 MPa；含水率为 3%，σ_n=0.25 MPa、0.5 MPa)，试样首先沿黏结面附近泥岩弱面发生破坏，而后由于泥岩抗剪强度>黏结面抗剪强度，试样开始沿黏结面发生破坏。而在泥岩含水率较高且 σ_n 较高条件下(含水率为 6%，σ_n=0.5 MPa、1 MPa；含水率为 9%，σ_n=3 MPa)，虽然 σ_n 的增加会增大试样各部分的强度，但含水率的增大进一步弱化了黏结面、泥岩弱面的强度，且由结果可知，水对泥岩弱面的侵蚀强于水对黏结面造成的损伤。

破坏模式Ⅱ:试样破坏模式表现为沿黏结面破坏(锚固剂侧仅黏附一层较薄的岩粉),破裂面平整,可以观察到明显的摩擦痕迹,此时泥岩抗剪强度＞黏结面附近泥岩弱面抗剪强度＞黏结面抗剪强度。根据试验结果,当泥岩含水率较低时(含水率为 0,σ_n＝0.5 MPa、1 MPa、3 MPa;含水率为 3%,σ_n＝1 MPa、3 MPa),在此阶段水对岩石部分强度影响较小,黏结面为锚固试样中的弱面,随着剪切应力的增大,试样沿黏结面发生破坏。而当泥岩含水率较高时(含水率为 6%,σ_n＝3 MPa),黏结面、泥岩强度受水侵蚀弱化,但法向应力的增大增加了试样的强度,且法向应力对泥岩弱面强度的提升大于水对黏结面造成的损伤。

破坏模式Ⅲ:试样破坏模式表现为沿泥岩发生剪切破坏(靠近黏结面),破裂面起伏不平,此时黏结面抗剪强度＞泥岩抗剪强度。由试验结果可知,含水率为 6%时,由于泥岩强度受水弱化程度进一步加深,在较低的 σ_n 条件下(0.25 MPa),此时靠近剪切作用面的泥岩部分为锚固试样的弱场区域。而含水率为 9%时,由于水对泥岩的弱化程度高于对黏结面的弱化程度,除了 σ_n＝3 MPa 条件下试样均沿泥岩部分发生破坏。

破坏模式Ⅳ:当泥岩含水率达到饱和含水率时(12.04%),水对泥岩锚固试样强度弱化严重,泥岩与锚固剂间已几乎无黏结力,泥岩泥化现象明显,岩块沿内部弱面发生开裂。

5.3　不同含水率下泥岩锚固试样声发射特征

声发射监测是目前岩石力学特性研究的重要手段,能够有效监测岩石破坏过程以及损伤演化规律。对不同含水率下泥岩锚固试样直剪试验进行声发射监测,通过分析各声发射参数,研究水对泥岩锚固试样承载性能的弱化机制。

声发射事件数代表超过门槛信号的振荡次数,可用于声发射活动性评价,其与声发射累计计数可以反映试样内部损伤积累程度,图 5-10 为不同含水率下剪切应力、声发射事件数及累计计数与时间关系曲线。

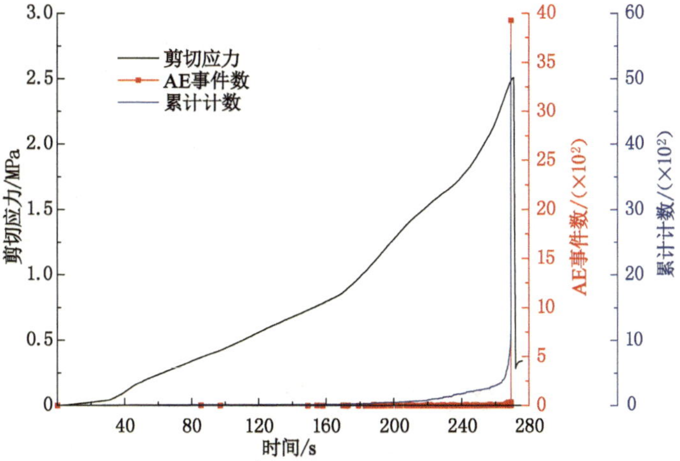

(a) 1-1

图 5-10　剪切应力、AE 事件数及累计计数与时间关系曲线

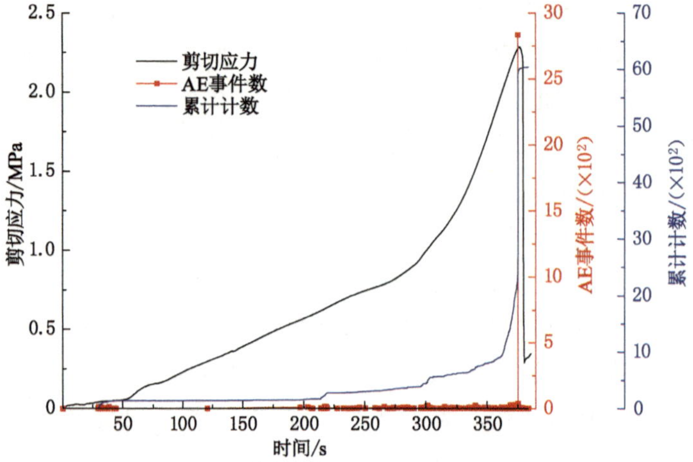

（b）A-1

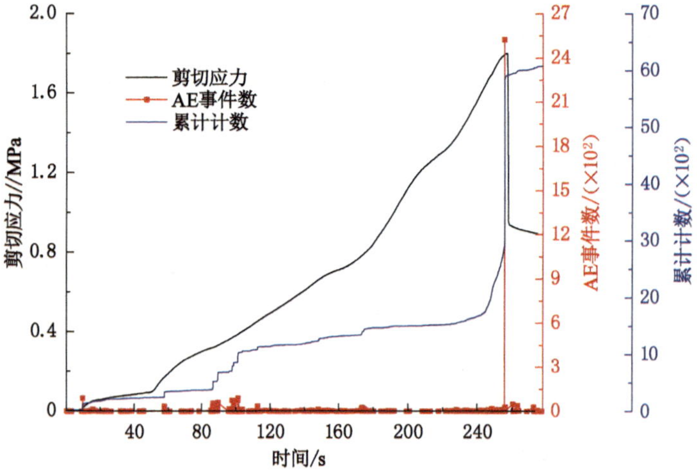

（c）B-1

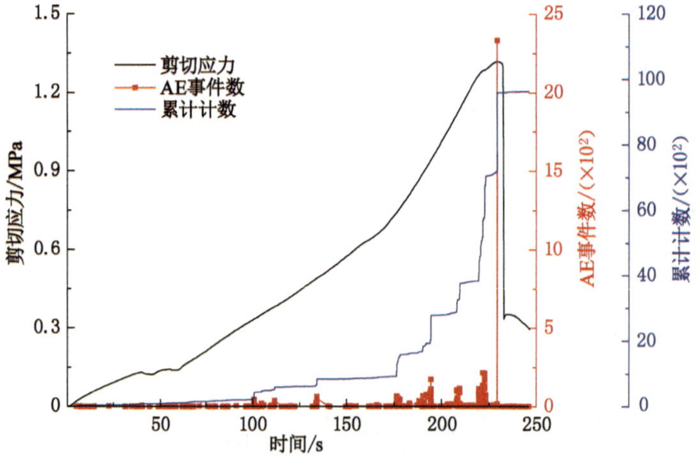

（d）C-1

图 5-10（续）

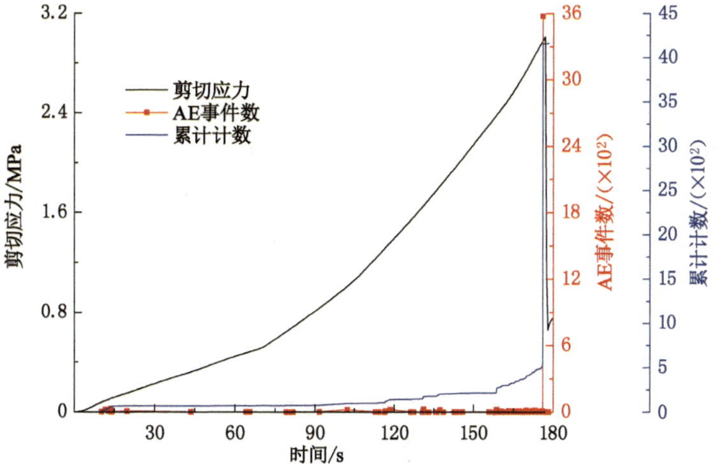

(e) 1-2

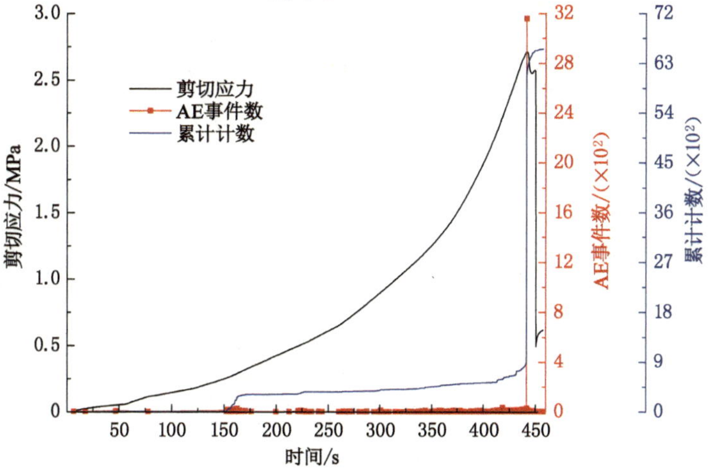

(f) A-2

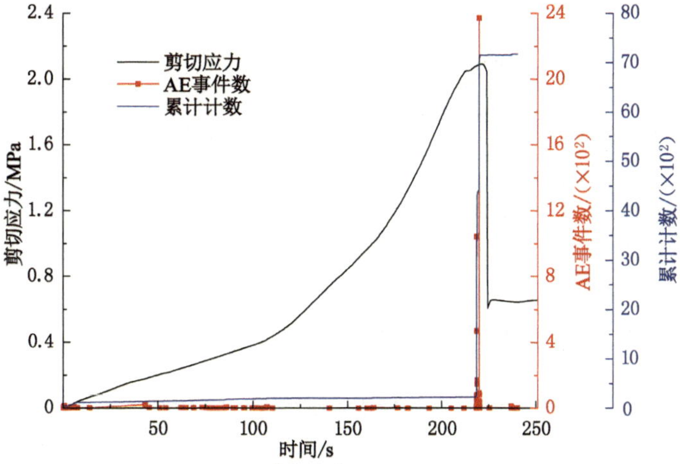

(g) B-2

图 5-10(续)

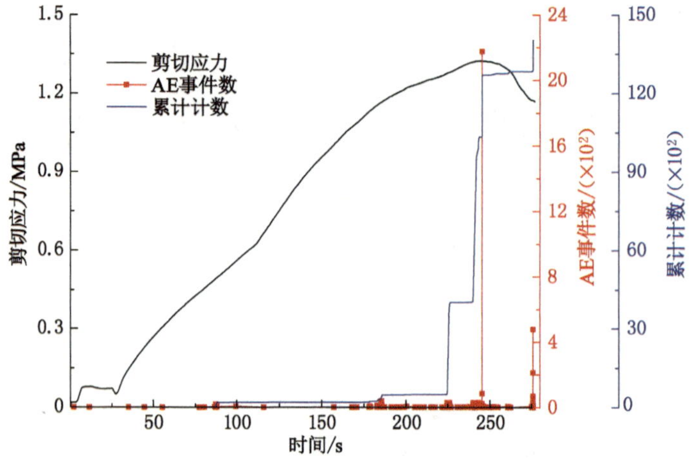

（h）C-2

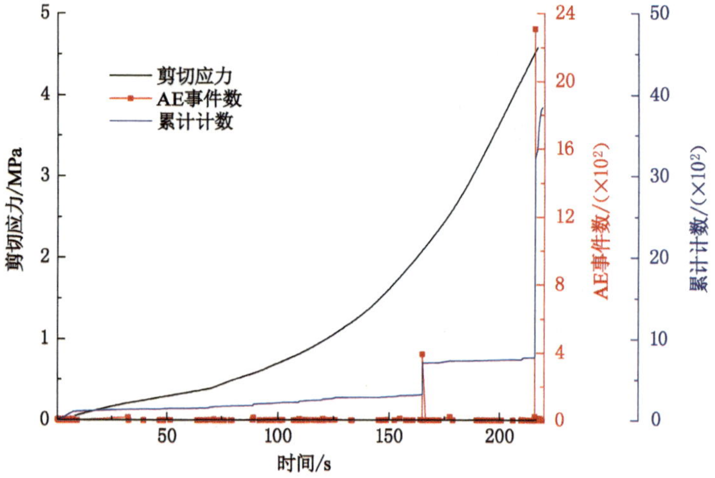

（i）1-3

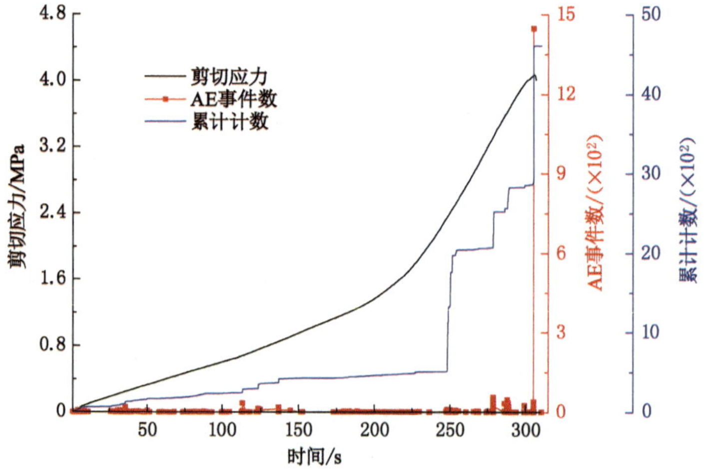

（j）A-3

图 5-10(续)

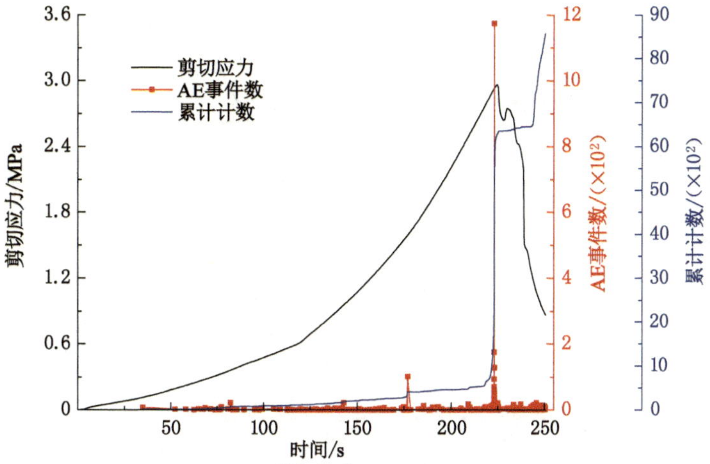

（k）B-3

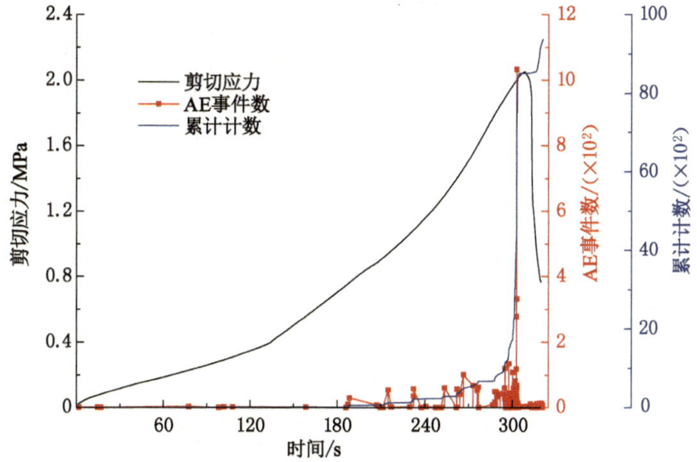

（l）C-3

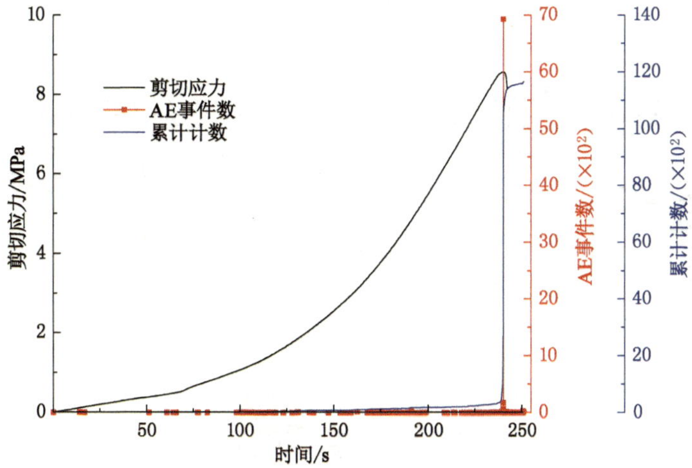

（m）1-4

图 5-10(续)

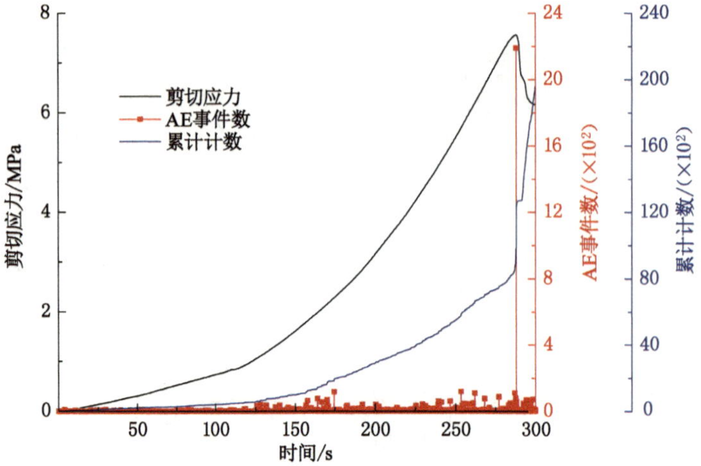

(n) A-4

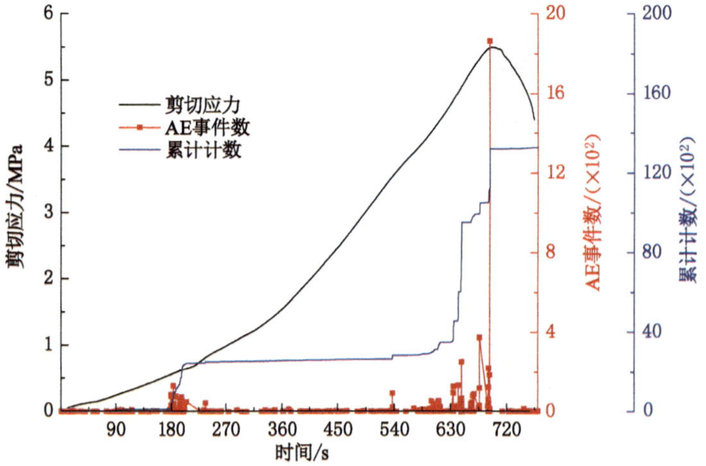

(o) B-4

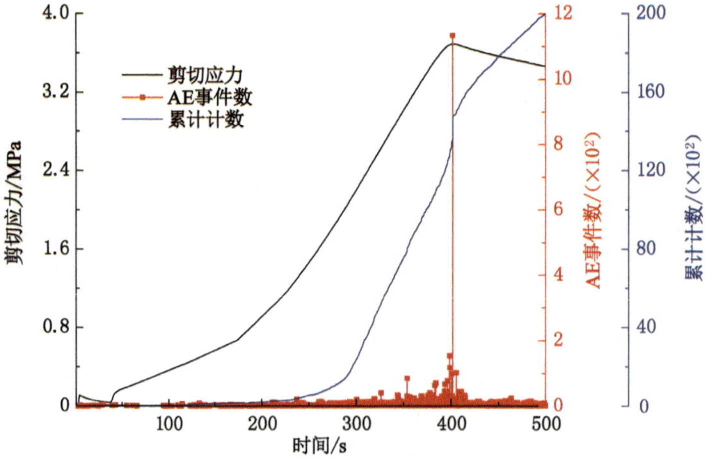

(p) C-4

图 5-10(续)

可以发现，不同含水率下泥岩锚固试样声发射参数与时间曲线表现出相近趋势，在应力-应变曲线压密及弹性阶段，AE 事件数数值相对较低，累计计数在此阶段增量相对较小，其中含水率为 0 时试件在屈服阶段前基本观测不到明显 AE 事件数，累计计数几乎无增加。随着曲线进入屈服阶段，AE 事件数开始出现明显波动，累计计数增加速率明显增加，且在峰值应力附近可以观察到最大 AE 事件数。可以发现，σ_n 相同条件下，试样累计计数增长速率明显增加，当含水率＞3%时，试样累计计数在弹性变形阶段就会缓慢增加。

结合图 5-11 可知，不同含水率下试样峰值 AE 事件数随着含水率的增加而减小。随着含水率的增大，σ_n＝0.25 MPa 时，峰值 AE 事件数降低了 27.8%～40.6%；σ_n＝0.5 MPa 时，峰值 AE 事件数降低了 11.6%～39.2%；σ_n＝1 MPa 时，峰值 AE 事件数降低了 37.3%～55.2%；σ_n＝3 MPa 时，峰值 AE 事件数降低了 68.4%～83.6%。而从图 5-11 中可以发现，峰值累计计数随着含水率的增大而不断增大。随着含水率的增大，σ_n＝0.25 MPa 时，峰值累计计数提升了 10.7%～77.7%；σ_n＝0.5 MPa 时，峰值累计计数提升了 49.2%～205.2%；σ_n＝1 MPa 时，峰值累计计数提升了 19.4%～40.1%；σ_n＝3 MPa 时，峰值累计计数提升了 40.3%～151.0%。

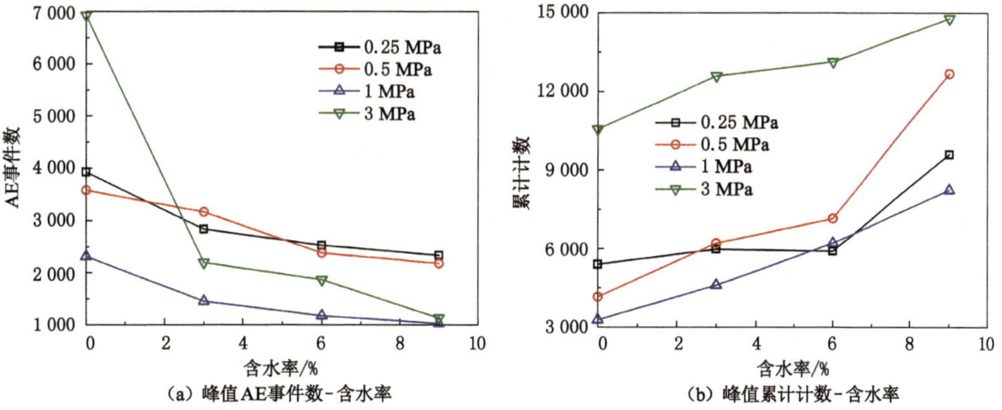

图 5-11　AE 特征参数与含水率关系曲线

结合前文可知，产生这种现象的主要原因是水弱化了试样黏结面的强度及泥岩的内部结构，使泥岩与锚固剂间黏结破坏以及岩样内部裂隙贯通所需能量减小，试样破坏时释放的应变能减小，含水率越高，试样峰值 AE 事件数越小。但含水率的增大弱化了试样内颗粒间的黏结作用，泥岩结构变得疏松，使得试样内部损伤更容易发育，因此含水率越高试样峰值累计计数越大。

5.4　不同含水率下岩石-锚固剂界面抗拉特性

5.4.1　泥岩锚固试样应力-应变特征

图 5-12 为不同含水率下泥岩锚固试样劈裂载荷-垂直位移关系曲线。如图 5-12 所示，

不同含水率条件下，在试验初始阶段曲线均呈上凹状，该阶段为仪器上下压头与试件的接触部位发生应力集中所导致。而后随着垂直位移的不断增大，劈裂载荷不断增大，该阶段曲线近似呈线性上升。当达到峰值载荷后，试件出现明显张拉裂隙并迅速扩展贯通，试件发生破坏，曲线发生陡降。

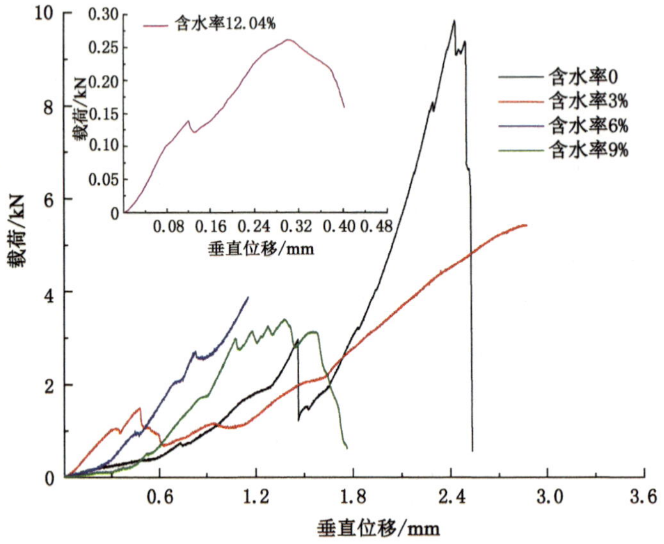

图 5-12　泥岩锚固试样劈裂载荷-垂直位移试验曲线

可以发现，试样抗拉强度随着含水率的增大不断降低。结合图 5-13 可知，含水率为 3%～12.04%条件下，试样抗拉强度降低了 40.03%～97.23%，当含水率达到 12.04%时，试样抗拉强度已几乎完全丧失。

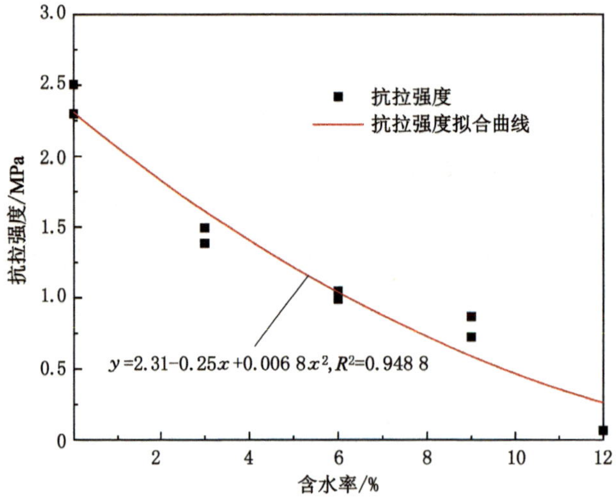

图 5-13　抗拉强度与含水率拟合关系曲线

5.4.2 劈裂破坏形态分析

表5-2为不同含水率下泥岩锚固试样劈裂破坏特征及破坏模式。由表5-2可知，含水率为0和3%时，试样沿泥岩-树脂黏结面发生破坏，破裂面平整，树脂侧表面黏附一层较薄的岩粉，此时泥岩与树脂间耦合效果较好。当含水率为6%和9%时，试样破裂面由黏结面与黏结面附近部分泥岩组成，破裂面参差不平，且可以观察到树脂侧出现部分泥岩与树脂完全脱黏现象，界面黏结性能发生明显劣化。

表5-2 不同含水率下试样典型破坏特征与破坏模式

含水率/%	试样典型破坏特征	破坏模式
0、3		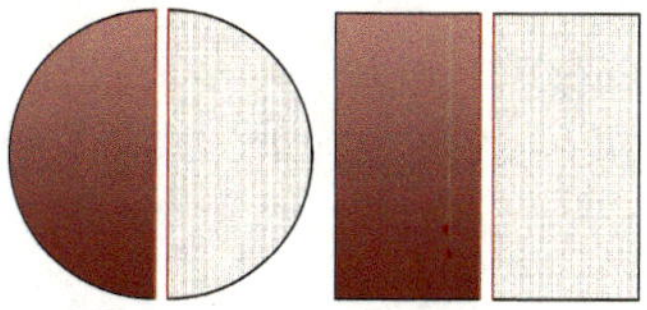
6、9		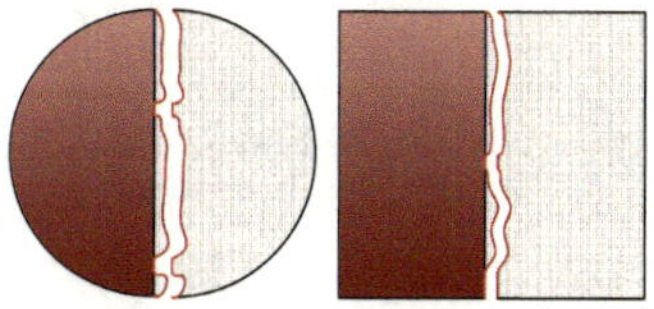
12.04		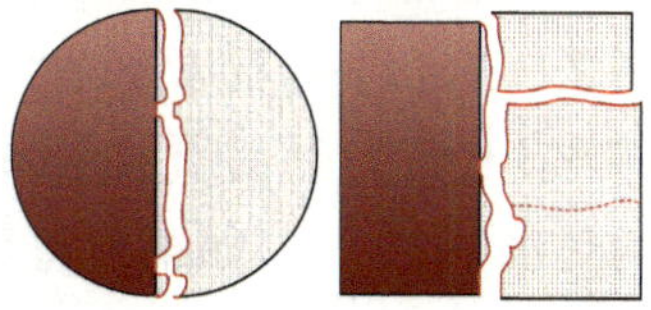

可以发现，含水率为12.04%时破裂面由黏结面与界面附近部分泥岩共同构成，泥岩部分出现水化损伤裂隙并沿弱面开裂，泥化现象明显，试样几乎无承载能力。

5.5 岩石-锚固剂结构水化损伤模型建立

5.5.1 模型建立方法

由试验结果可以发现，剪切应力在达到峰值前表现出非线性特征，从峰值剪切应力到残余剪切应力的衰减过程也具有明显非线性特征（σ_n = 0.25 MPa、0.5 MPa条件下曲线峰后线性段是法向约束力较低导致试样在峰后出现切向变形突增现象），因此需要建立与实际情况相符的水化损伤非线性分析模型。

申辉等[134]通过试验提出了节理剪切全量模型，能较好地描述节理岩体的剪切行为，全量模型公式如下：

$$\tau = \begin{cases} \tau_p (u/u_p)^a & (0 \leqslant u < u_p) \\ \dfrac{b e^{-u_p}}{(b/\tau_p - 1)e^{-u} + e^{-u_p}} & (u \geqslant u_p) \end{cases} \tag{5-1}$$

式中，τ_p 为峰值剪切应力；u_p 为峰值剪切应力对应的剪切位移；a、b 分别为峰前与峰后曲线增长参数。模型如图 5-14 所示。

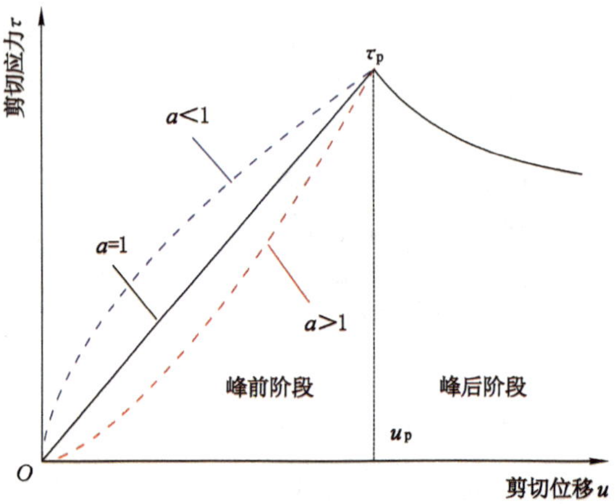

图 5-14　节理剪切全量模型

巷道围岩锚固单体由岩石-岩石锚固剂黏结面-锚固剂三部分组成，通过试验可以发现，锚固剂强度远大于岩石以及黏结面部分，锚固单体内弱场区域由黏结面以及水化作用下岩石内部产生的裂隙弱面组成，这些弱场区域即可视为锚固单体内的节理弱面。锚固单体力学性质受水影响明显，如果仅将特定含水率条件下参数用于模型计算，则所得结果不够准确，必须寻求具有普适性的本构模型参数确定方法。因此，借鉴申辉等得到的节理剪切全量模型，提出一种新的水化损伤模型来描述水作用下锚固单体剪切应力与剪切位移的关系。

5.5.2　模型剪切参量的确定

(1) τ_p 的确定方法

由图 5-15 可以发现峰值剪切应力(抗剪强度)τ_p 与法向应力 σ_n 满足线性关系，故这里通过引入莫尔-库仑破坏准则，得到式(5-2)：

$$\tau_p = \sigma_n \tan \varphi + C \tag{5-2}$$

式中，C 为锚固单体内聚力；φ 为锚固单体内摩擦角。

基于前述试验数据可以得到锚固结构强度参数 C、φ 随含水率的变化规律见图 5-16。φ 随含水率的升高不断降低，C 则随含水率增加呈线性减小。通过拟合公式首先可以计算出某一含水率下的锚固结构强度参数 C 和 φ，然后结合 σ_n，即可求得 τ_p，相关表达式如下：

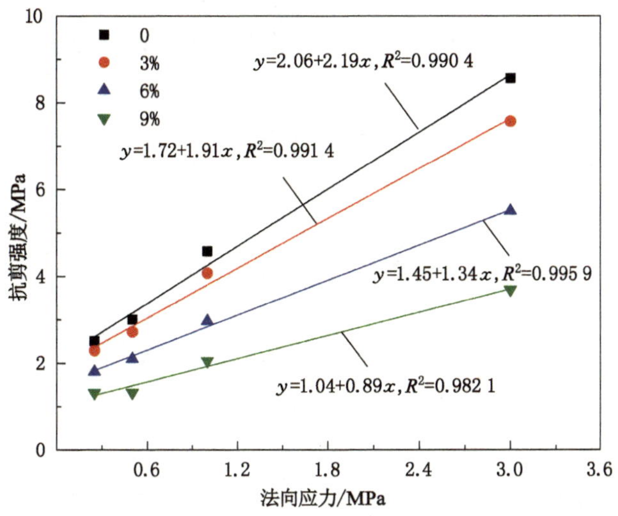

图 5-15 不同含水率下抗剪强度随 σ_n 变化趋势

$$C = A_1 + B_1 w \tag{5-3}$$

$$\varphi = A_2 + B_2 w + C_1 w^2 \tag{5-4}$$

式中，w 为岩石含水率；A_1、A_2、B_1、B_2、C_1 为拟合参数，取值见图 5-16。

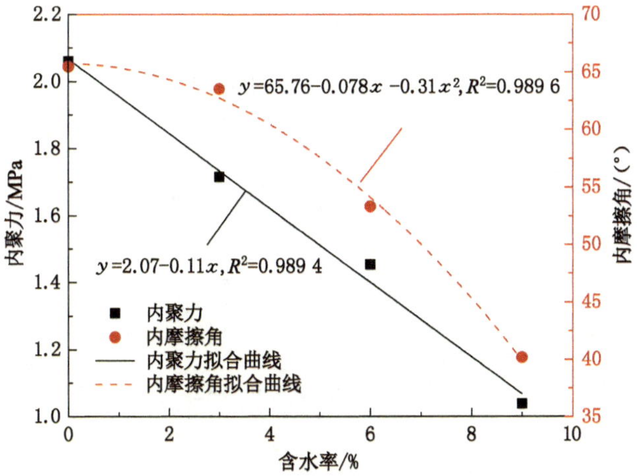

图 5-16 C、φ 与含水率拟合关系

(2) u_p 的确定方法

由于 u_p 为不同 σ_n 下峰值剪切应力 τ_p 对应的剪切位移，可以通过研究不同含水率下 u_p 与 σ_n 的关系确定。由图 5-17 所示不同工况下的剪切试验结果来看，u_p 随 σ_n 增加不断增大，故可建立 σ_n 与 u_p 之间的关系：

$$u_p = l + m\sigma_n + n\sigma_n^2 \tag{5-5}$$

式中，l、m、n 为常数，可以通过剪切试验拟合得到。图 5-18 为模型参数 l、m、n 与含水率的拟合关系曲线，由拟合结果可知，3 个参数分别可采用线性和二次函数关系进行拟合，且拟合度较好。在本构方程计算中可通过拟合公式计算得出不同含水率下的模型参数，表达式如下：

$$l = A_3 + B_3 w \tag{5-6}$$

$$m = A_4 + B_4 w + C_2 w^2 \tag{5-7}$$

$$n = A_5 + B_5 w + C_3 w^2 \tag{5-8}$$

式中，A_3、A_4、A_5、B_3、B_4、B_5、C_2、C_3 为拟合参数，取值见图 5-18。

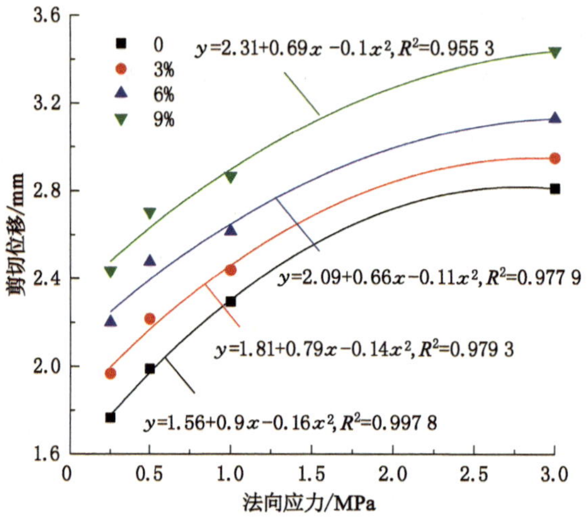

图 5-17　峰值剪切位移与 σ_n 拟合关系

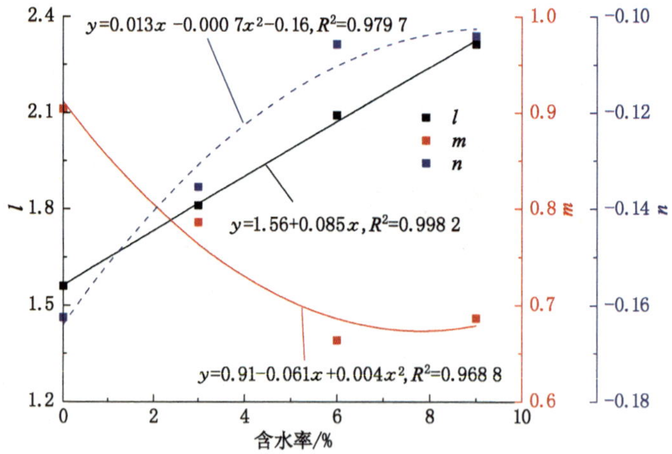

图 5-18　l、m、n 与含水率拟合关系

最后，将上述得到的本构模型参数与含水率的函数关系代入式(5-1)，即可得到与含水率和 σ_n 相关的水作用下围岩-锚固剂结构剪切变形本构方程：

$$\tau=\begin{cases}[A_1+B_1w+\sigma_n\tan(A_2+B_2w+C_1w^2)](u/l+m\sigma_n+n\sigma_n^2)^a & (0\leqslant u<u_p)\\ \dfrac{a\mathrm{e}^{-(l+m\sigma_n+n\sigma_n^2)}}{\{b/[A_1+B_1w+\sigma_n\tan(A_2+B_2w+C_1w^2)]-1\}\mathrm{e}^{-u}+\mathrm{e}^{-(l+m\sigma_n+n\sigma_n^2)}} & (u\geqslant u_p)\\ l=A_3+B_3w\\ m=A_4+B_4w+C_2w^2\\ n=A_5+B_5w+C_3w^2\end{cases}$$

5.5.3　水化损伤模型验证

采用前文不同含水率下泥岩锚固试样直剪试验结果验证所得不同含水率下围岩-锚固剂结构剪切变形本构模型的合理性，图 5-19 为不同含水率下泥岩锚固试样剪切试验与计算对比结果。

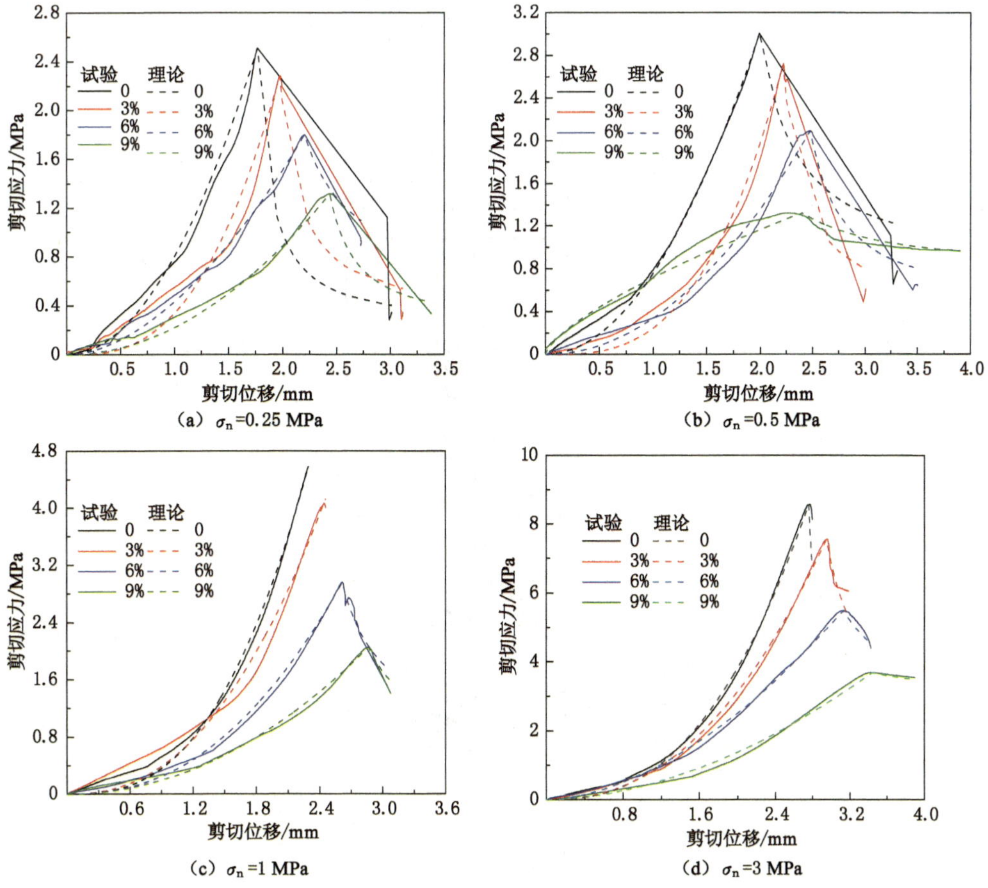

(a) σ_n=0.25 MPa　(b) σ_n=0.5 MPa

(c) σ_n=1 MPa　(d) σ_n=3 MPa

图 5-19　理论曲线与试验曲线对比

含水率为 0 条件下锚固单体内聚力 C=2.065 MPa，φ=65.495°，l=1.56，m=0.904，n=−0.16；含水率为 3%条件下 C=1.715 MPa，φ=63.525°，l=1.81，m=0.786，n=−0.135；含水率为 6%条件下 C=1.453 MPa，φ=53.337°，l=2.092，m=0.664，n=−0.106；

含水率为 9%条件下 $C=1.039$ MPa，$\varphi=40.209°$，$l=2.315$，$m=0.687$，$n=-0.104$。将相关参数代入水化损伤计算模型，得到不同含水率下锚固单体剪切应力与剪切位移的理论曲线。通过对比试验曲线与理论曲线可以看出，曲线走势基本吻合，在一定的剪切变形范围内具有良好的适用性。其中 σ_n 为 0.25 MPa、0.5 MPa 条件下，试验曲线在峰后阶段表现为线性降低，与理论曲线相差较大，这是由于该条件下法向应力较低，导致直剪仪器法向约束强度不足，试样破坏后岩石部分在侧向加载系统推动下出现剪切位移突然增大现象。

5.6　水作用下围岩-锚固剂结构失效机制

根据试验方案及结果将含水率划分为以下等级：低含水率(0～3%)、中等含水率(3%～6%)、高含水率(6%～9%)、饱和含水率(12.04%)。将 σ_n 划分为以下等级：低法向应力(0.25～0.5 MPa)、中等法向应力(0.5～1 MPa)、高法向应力(1～3 MPa)。表 5-3 为水作用下泥岩锚固结构弱化失稳特征，根据试验结果，对不同含水率下泥岩锚固结构弱化失稳机制分析如下。

表 5-3　围岩-锚固剂结构破坏特征

破坏模式	泥岩锚固试样破坏模式	围岩-锚固剂结构破坏模式	特　点
Ⅰ	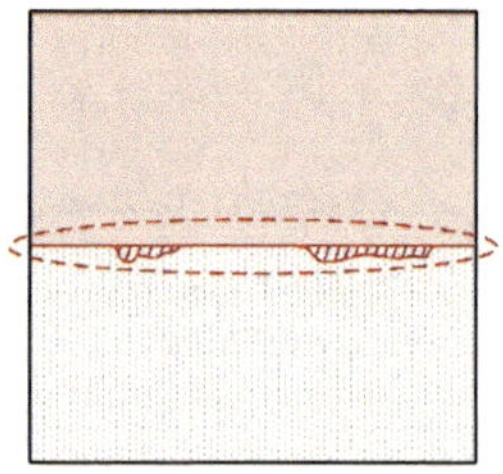	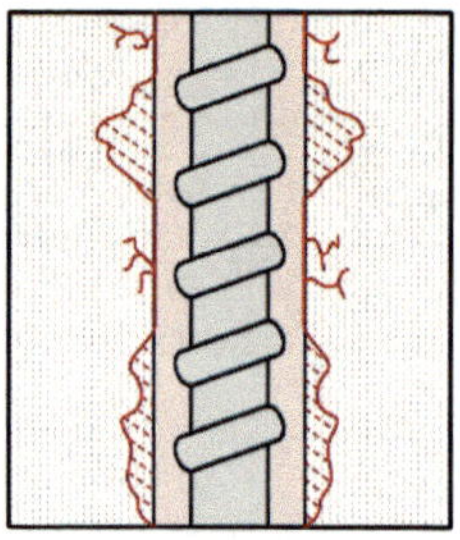	锚固结构弱场区域由界面及岩体弱面共同组成
Ⅱ	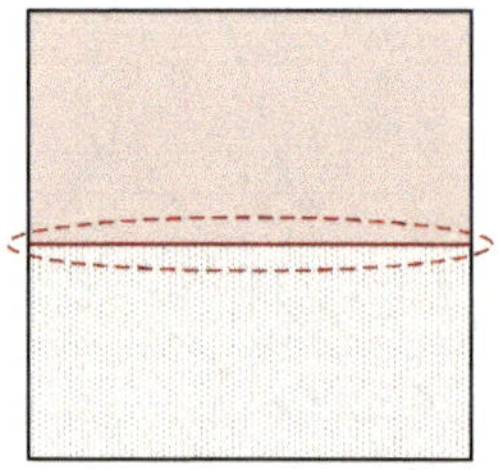	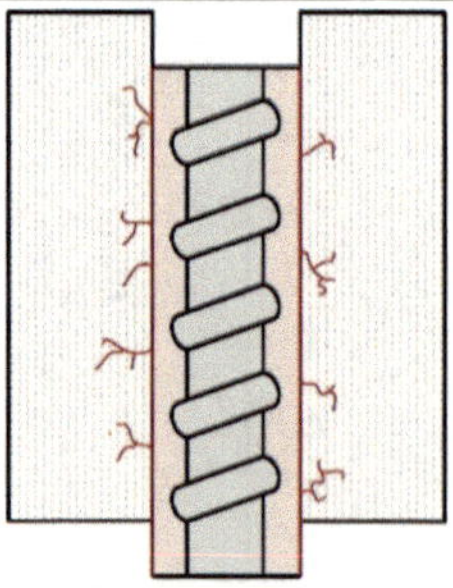	围岩-锚固剂界面为锚固结构弱场区域
Ⅲ	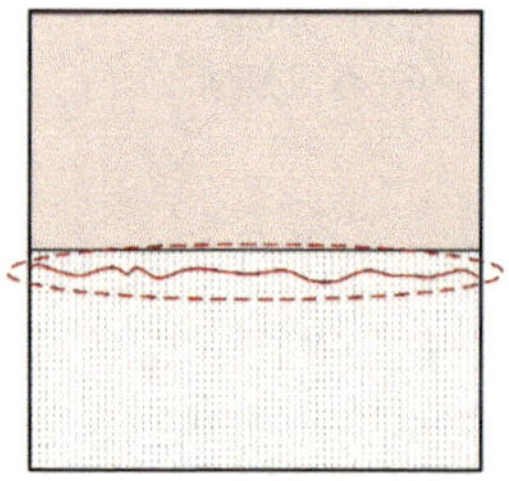	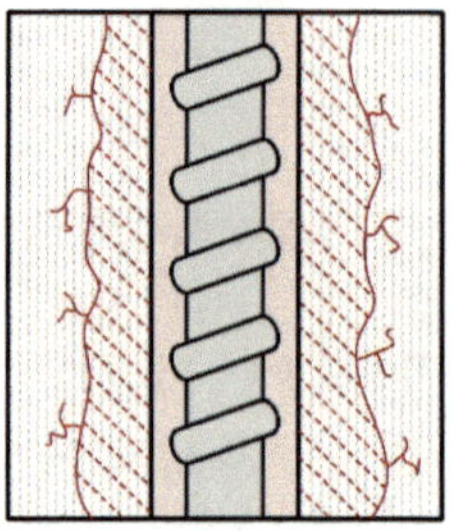	锚固结构弱场区域由界面附近岩体组成

表 5-3(续)

破坏模式	泥岩锚固试样破坏模式	围岩-锚固剂结构破坏模式	特　点
Ⅳ	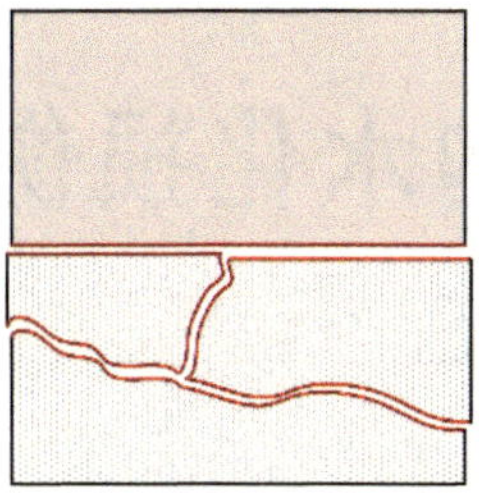	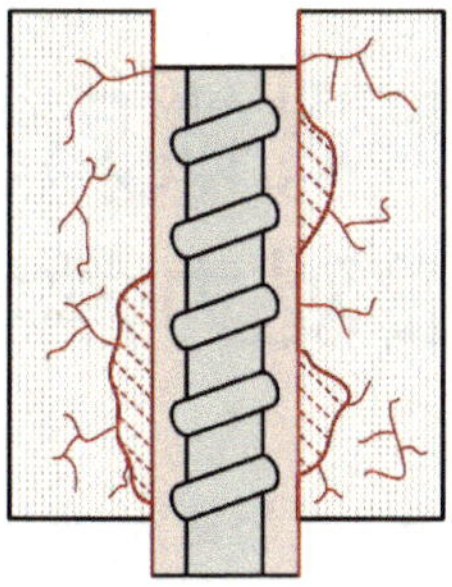	界面脱黏，围岩泥化，锚固结构基本失去承载能力
备注	泥岩(围岩)　锚固剂　锚杆　裂隙面		

围岩-锚固剂混合脱黏失效(破坏模式Ⅰ)：在低含水率(低及中等法向应力)条件下，围岩受水影响较小，整体完整性较好并保持较高强度，仅内部部分弱面裂隙受水影响导致强度进一步降低；在中等及高含水率(中等及高法向应力)条件下，围岩强度及界面间黏结力受水影响迅速降低，内部产生大量溶蚀裂隙，但此时较高的法向应力提高了围岩整体抗剪强度。在这两种条件下，随着锚杆轴力的增大，界面周边岩体首先沿弱面发生破坏，而后围岩与锚固剂间脱黏，锚固系统整体失效。

围岩-锚固剂界面脱黏失效(破坏模式Ⅱ)：在低含水率(中等及高法向应力)条件下，较高的法向应力使得锚固系统周边岩体被压密，围岩整体保持较高的强度；在中等含水率(高法向应力)条件下，较高的法向应力提升了围岩整体抗剪强度。在这两种条件下，随着锚杆轴力的增大，锚固系统首先沿界面发生解耦，锚固失效后可以在锚固剂表面观察到黏附的岩粉以及因滑移摩擦而产生的划痕。

锚固岩体脱出(破坏模式Ⅲ)：在中等含水率(低法向应力)及高含水率(低及中等法向应力)条件下，围岩受水影响整体强度迅速降低，内部裂隙损伤大量发育；当杆体承受较大拉力时，界面周边岩体内裂隙迅速扩展贯通，从而导致一定范围内的锚固岩体随锚固剂及锚杆一起在较大应力作用下整体向巷道开挖空间挤出。

界面脱黏、围岩泥化(破坏模式Ⅳ)：在饱和含水率条件下，围岩整体承载性能严重受损，围岩沿内部弱面裂隙崩解并发生泥化现象；围岩表面渗出水分且泥化崩解，极大地影响界面间的黏结效果，围岩与锚固剂间已基本失去黏结力。

第6章 泥岩锚固结构水化损伤细观力学特性

前文从宏观层面研究了水作用下泥岩锚固结构承载特性与失稳破坏特征，并分析了岩石-锚固剂结构直剪力学性质。而受限于试验手段，目前宏观力学试验难以从细观尺度获取试样的损伤发育过程及内部不同位置实时应力分布、运动变形规律。

颗粒流模拟软件(PFC)将材料视为由不同大小的颗粒、颗粒簇等小的散体结构通过黏结键胶结形成，并利用黏结键的断裂来表征微裂隙的产生，能够有效模拟材料的断裂、崩散等非连续现象，可以对试样内部微裂隙聚结形成宏观裂隙的过程以及微裂隙数量进行实时监测，能对试样损伤程度进行量化。目前该软件已广泛应用于岩土领域，可有效地从细观尺度获取材料失稳破坏的力学机制[135-142]。

基于此，本章利用 PFC 数值模拟软件，在宏观试验结果的基础上，建立不同含水率下锚固单体试样与泥岩锚固试样数值模型，研究试样在试验过程中的颗粒运移、损伤演化等细观力学行为，进一步探讨含水泥岩锚固结构的弱化失稳机制。

6.1 模拟方案

6.1.1 不同含水率下锚固单体加载模拟方案

利用 PFC3D-FLAC3D 耦合建立锚固单体模拟试样。首先采用 PFC 建立砂岩与泥岩组合岩样，并删除钻孔位置颗粒，然后利用 FLAC 中实体单元建立锚杆及托盘，再通过 PFC 生成颗粒填充锚杆与钻孔内空间来模拟锚固剂。组合岩样尺寸为 100 mm×100 mm×100 mm，锚杆尺寸为 ϕ5 mm×85 mm，托盘尺寸为 20 mm×20 mm×1.5 mm。所建立锚固单体模型及内部各部分黏结如图 6-1 所示。初始模型建立后进行保存，后续模型赋值以及不同条件下加载试验均在相同初始条件下进行，以避免颗粒空间分布变化影响模拟结果。

模型建立后，利用 PFC 中墙体模拟加载板对试样进行加载。其中，侧向应力通过两侧墙体施加，利用伺服机制实现，加侧限面固定墙体，临空面在模型生成后删除该面墙体。轴向压力通过上下墙体施加，模拟采用位移加载方式控制，在对模型施加侧向应力后，控制上下墙体以恒定速率对试样进行加载直至试样发生破坏。为了保证模拟结果的可比性，各条件下试样轴向加载速率均设置为 0.1 m/s(根据 PFC 模拟机制，PFC 中加载速率与实际试验速率并不等同，PFC 中准静态加载可以更高的速率进行。其中，加载速率在 0.01～0.2 m/s 范围内可以保证试样处于准静态加载状态且不会导致模拟结果存在差异[143-144])。

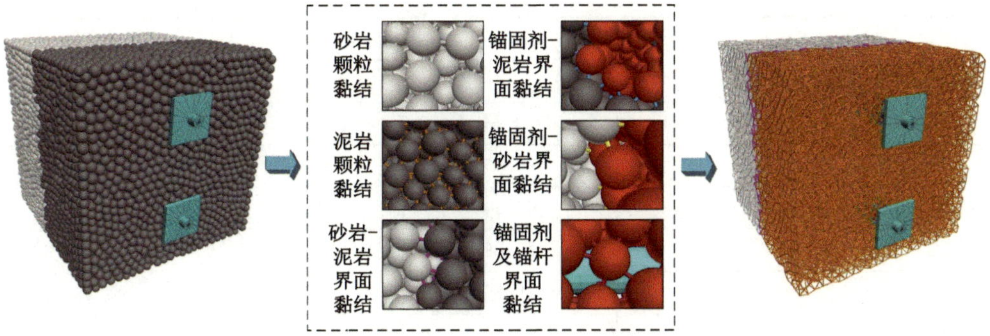

图 6-1　锚固单体试样数值模型

其中，锚杆及托盘参数参考 304 钢参数，选用莫尔-库仑模型，具体参数如表 6-1 所示。

表 6-1　锚杆及托盘参数

弹性模量/GPa	泊松比	内聚力/MPa	内摩擦角/(°)	抗拉强度/MPa	密度/(kg/m^3)
204	0.288	315	10	520	7 930

首先进行侧向应力 $\sigma_2=2$ MPa、不同含水率下锚固单体模型试样加载试验，对比模拟与试验所得结果(试样强度、弹性模量等宏观力学性质)，并对模型内各部分细观参数进行调整，直至模拟与试验结果相匹配。由于 PFC 中无法模拟水对岩石的侵蚀作用，因此通过对不同含水率下试验结果进行标定，根据标定结果降低相应的细观参数以模拟试样力学性能弱化。最后，采用得到的细观参数进行 $\sigma_2=8$ MPa 条件下模拟，以验证细观参数的合理性。

具体标定过程为：首先确定模型颗粒粒径，由于本节模拟涉及细观参数组合较多，且对模型宏观力学性能存在影响的参数较多(包括颗粒参数、黏结参数)，同时考虑所有参数变化较为复杂且影响标定效率，故模型中泥岩、砂岩和树脂颗粒粒径采用相同大小，仅考虑黏结参数变化。为保证计算结果的准确性，岩石材料颗粒半径比 R_{max}/R_{min} 应不小于 1.66，且颗粒粒径不能设置得太小(运算量太大，计算机难以完成计算)，模型颗粒半径最小值 R_{min} 取 1.5 mm，R_{max}/R_{min} 取 1.73，即颗粒按照半径为 1.5～2.6 mm 在指定空间范围内随机生成。模拟过程中主要对以下参数进行调整：颗粒接触模量 E_c，颗粒刚度比 $k^*=k_n/k_s$，摩擦系数 μ，平行黏结模量 $\bar{E}_c$，平行黏结刚度比 $\bar{k}^*=\bar{k}_n/\bar{k}_s$，黏结抗拉强度 $\bar{\sigma}_c$，黏结内聚力 $\bar{C}$。然后根据细观参数与宏观力学性质间的响应关系，对细观参数进行调整。最终对比分析试验与模拟所得应力-应变关系、峰值强度以及破坏模式。

模拟与试验结果对比如表 6-2 所示，应力-应变关系对比如图 6-2 所示，可以发现模拟与试验结果具有较好的一致性，所选取细观参数合理，具体参数如表 6-3 和表 6-4 所示。其中试验与模拟结果中应变存在差异，这是由于 PFC 中试样在生成过程中，为颗粒间形成有效黏结，需对模型施加一定载荷并运算至初始平衡，在该过程中模型已进行了压密并实现自平衡，模型颗粒分布均匀，故不存在压密阶段[143,145-146]，对后续模拟结果无影响。

表 6-2　试验与模拟结果

含水率/%	峰值强度/MPa			
	实验室试验		数值模拟	
	σ_2=2 MPa	σ_2=8 MPa	σ_2=2 MPa	σ_2=8 MPa
0	39.93	59.05	39.91	58.75
3	29.32	45.84	29.02	45.98
6	21.72	35.88	21.50	35.70
8	17.51	28.27	17.60	28.09
10.18	11.99	19.10	11.87	18.81

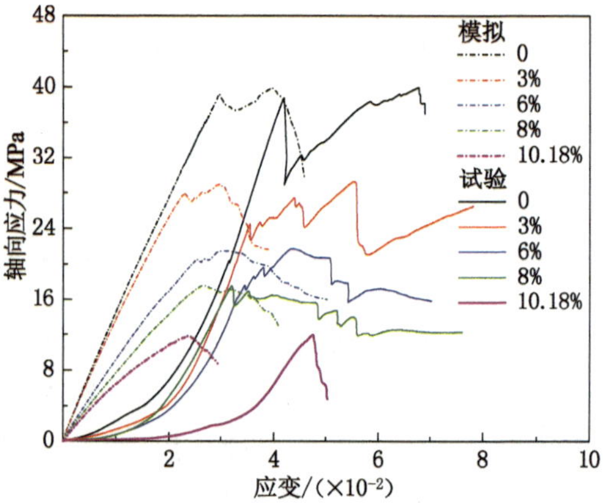

(a) σ_2=2 MPa

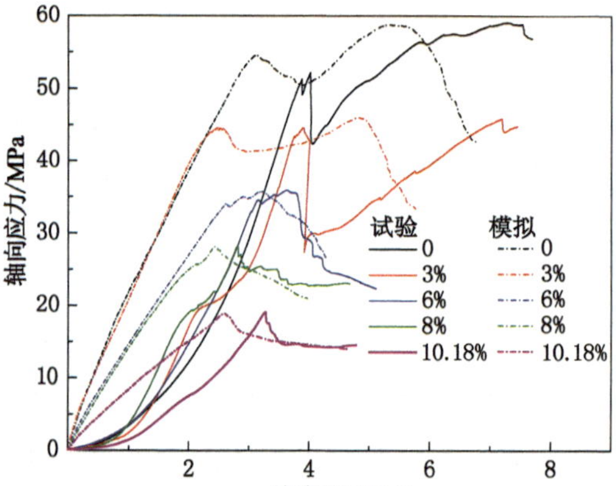

(b) σ_2=8 MPa

图 6-2　试验和模拟所得应力-应变曲线

表 6-3　岩石与锚固剂细观参数

材料	R_{min}/mm	R_{max}/R_{min}	E_c/GPa	k^*	μ	$\bar{E}_c$/GPa	$\bar{k}^*$	$\bar{\sigma}_c$/MPa	$\bar{C}$/MPa	含水率/%
泥岩	1.5	1.73	2.9	1.3	0.577	2.9	1.3	15.5	17	0
			1.5	1.5	0.5	1.5	1.5	5.4	8	3
			0.6	1.7	0.45	0.6	1.7	2.5	4.65	6
			0.5	2.1	0.4	0.5	2.1	1.5	4	9
			0.25	2.4	0.35	0.25	2.4	0.9	4	10.18
砂岩	1.5	1.73	5	1	0.577	5	1	38	40	0
			3.5	1.1	0.55	3.5	1.1	20.2	32	3
			2.3	1.35	0.5	2.3	1.35	16.3	20.8	6
			1	1.43	0.48	1	1.43	14.1	16.2	9
			0.8	1.55	0.43	0.8	1.55	13	15	10.18
树脂	1.5	1.73	3.1	1.1	0.577	3.1	1.1	65	70	—

表 6-4　各界面细观参数

材料	R_{min}/mm	R_{max}/R_{min}	E_c/GPa	k^*	μ	$\bar{E}_c$/GPa	$\bar{k}^*$	$\bar{\sigma}_c$/MPa	$\bar{C}$/MPa	含水率/%
泥岩-树脂	1.5	1.73	2	1.3	0.577	2	1.3	5.9	8	0
			1.5	1.5	0.55	1.5	1.5	4.3	6.5	3
			0.6	1.7	0.5	0.6	1.7	2.7	5	6
			0.5	2.1	0.42	0.5	2.1	2.5	4.5	9
			0.25	2.4	0.36	0.25	2.4	1.5	4.2	10.18
砂岩-树脂	1.5	1.73	2	1	0.577	2	1	6	9	0
			3.5	1.1	0.51	3.5	1.1	4.5	7	3
			2.3	1.35	0.47	2.3	1.35	3	5.5	6
			1	1.43	0.44	1	1.43	2.7	4.5	9
			0.6	1.55	0.4	0.6	1.55	2	4.2	10.18
泥岩-砂岩	1.5	1.73	1.5	1.4	0.577	1.5	1.4	1.3	3	0
			0.8	1.5	0.5	0.8	1.5	1	2	3
			0.5	2.5	0.36	0.5	2.5	0.5	1.2	6
			0.21	3	0.2	0.21	3	0.2	0.6	9
			0.1	3.3	0.1	0.1	3.3	0.1	0.1	10.18

图 6-3 为 σ_2=8 MPa、含水率为 0 条件下模拟试样破坏模式，图中红色及黄色部分分别代表黏结发生拉伸断裂与剪切断裂。由图 6-3 可知，试样泥岩部分破碎程度明显高于砂岩部分，且以临空面附近破碎程度最高。在泥岩部分，临空面处可以发现劈裂裂隙且泥岩呈片状剥落，而在远离临空面处及砂岩部分可以观察到微裂隙聚结而成的剪切裂隙，试样破坏模式与试验结果一致。

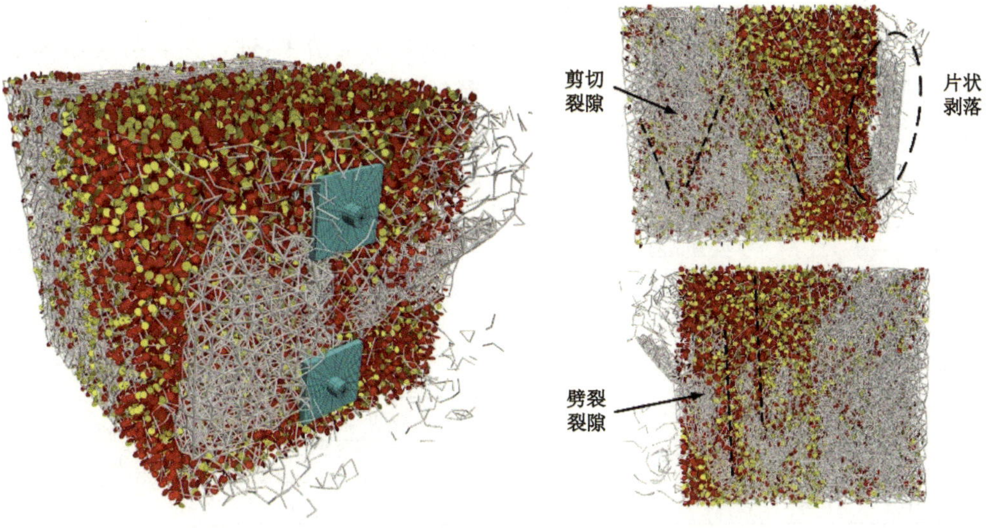

图 6-3　σ_2 = 8 MPa、含水率为 0 条件下试样破坏模式

6.1.2 不同含水率下泥岩锚固试样直剪模拟方案

利用 PFC2D 建立泥岩锚固模拟试样，模型尺寸均为 100 mm×100 mm，所建立锚固单体模型及内部各部分黏结如图 6-4 所示，初始模型生成后进行保存，确保后续步骤均在相同初始条件下进行。

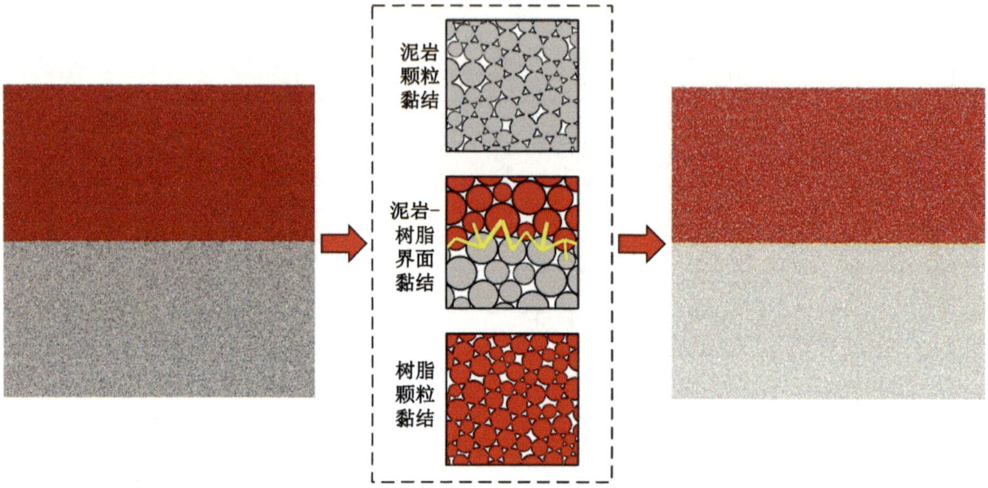

图 6-4 泥岩锚固试样数值模型

模型建立之后，利用墙体对模型进行加载。固定模型底部墙体，法向压力通过上部墙体施加，利用伺服机制实现。固定上部树脂两侧墙体，通过对下部泥岩两侧墙体施加一定速度来实现剪切。模拟采用位移加载控制，在利用上部墙体对模型施加恒定法向应力后，对下部两侧墙体施加恒定速率向模型左侧移动进行剪切加载，各条件下加载速率均设为 0.05 m/s。

根据环氧树脂及不同含水率下泥岩试样单轴压缩试验结果，进行泥岩与树脂单轴压缩模拟并不断对细观参数进行调整，直至试验与模拟结果相匹配，所得试样强度、弹性模量、泊松比如表 6-5 所示，图 6-5 为试验与模拟应力-应变曲线。

表 6-5 试验与模拟结果

材料	含水率/%	实验室试验			PFC 模拟			试件尺寸/mm
		单轴抗压强度/MPa	弹性模量/GPa	泊松比	单轴抗压强度/MPa	弹性模量/GPa	泊松比	
泥岩	0	11.68	1.46	0.285	11.61	1.45	0.281	100×100
	3	5.91	0.86	0.289	5.88	0.87	0.290	
	6	3.57	0.42	0.337	3.59	0.40	0.339	
	9	2.03	0.21	0.357	2.02	0.20	0.359	
	12.04	0.96	0.11	0.391	0.95	0.11	0.388	
树脂	—	47.68	1.50	0.349	47.83	1.48	0.351	

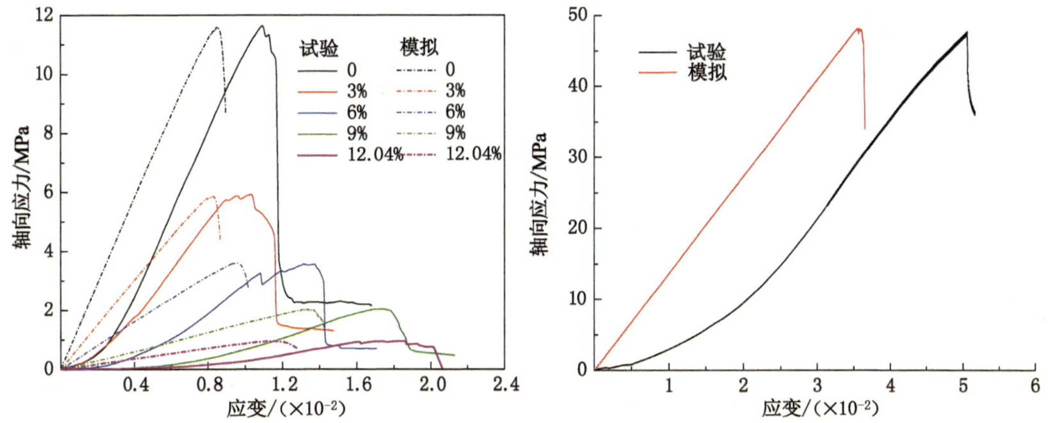

(a) 泥岩 (b) 树脂

图 6-5 试验与模拟所得应力-应变曲线

由图 6-5 和表 6-5 可知，PFC 模拟所得结果与试验结果基本一致，所选参数能较好地反映树脂与不同含水率泥岩的力学性质，具体参数如表 6-6 所示。

根据表 6-6 中数据进行法向应力 $\sigma_n=1$ MPa、不同含水率下泥岩锚固试样直剪模拟，并对比试验与模拟所得试样宏观力学性质以获取不同含水率下泥岩-树脂界面细观参数，并利用所得细观参数进行 $\sigma_n=3$ MPa 泥岩锚固试样直剪模拟以验证结果合理性。

表 6-6 泥岩及树脂部分细观参数

材料	R_{min}/mm	R_{max}/R_{min}	E_c/GPa	k^*	μ	$\bar{E}_c$/GPa	$\bar{k}^*$	$\bar{\sigma}_c$/MPa	$\bar{C}$/MPa
泥岩 0 ↓ 12.04%	0.15	2	2.3	1.2	0.577	2.3	1.2	9	15.3
			1.41	1.5	0.5	1.41	1.5	2.8	7.1
			0.6	1.7	0.43	0.6	1.7	1.7	3.4
			0.42	2.1	0.35	0.42	2.1	1	2.8
			0.21	2.4	0.3	0.21	2.4	0.6	2.8
树脂	0.15	2	2.5	1	0.577	2.5	1	20	24.5

图 6-6 为 $\sigma_n=1$ MPa、3 MPa、不同含水率下泥岩锚固试样试验与模拟对比结果。由图 6-6 可知，不同含水率下直剪试验与模拟所得试样强度、应力-应变关系基本一致（受 PFC 机制所限模拟曲线不存在压密阶段，故应变存在差别）。图 6-7 为 $\sigma_n=1$ MPa、不同含水率下直剪模拟试样破坏模式，图中黑色部分为微裂隙聚结而成。由图 6-7 可知，模拟所得试样破坏模式与试验结果相符合，随着含水率的增加，试样弱场区域由黏结面逐渐向泥岩部分转移。

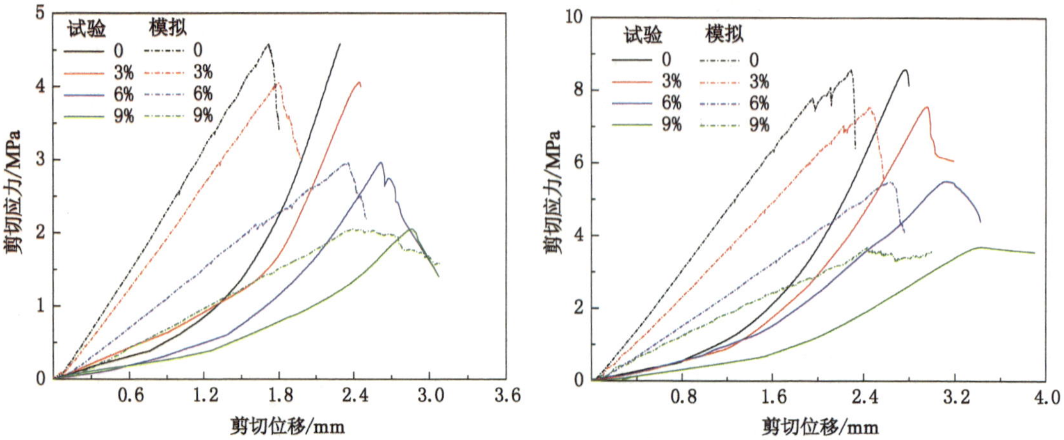

(a) σ_n=1 MPa　　(b) σ_n=3 MPa

图 6-6　不同含水率下泥岩锚固试样剪切应力-剪切位移试验与模拟曲线

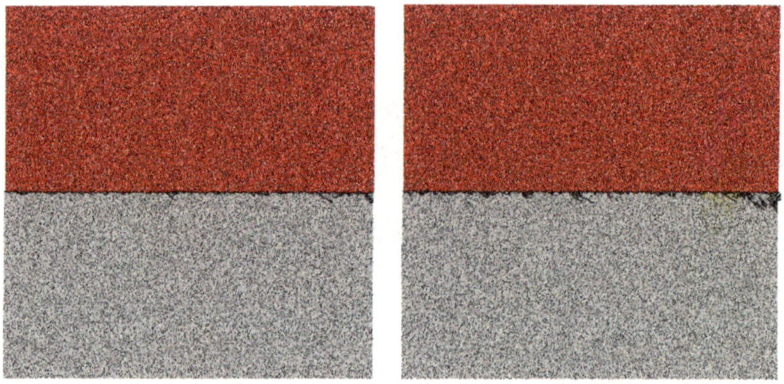

(a) 含水率为0（破坏模式Ⅱ）　　(b) 含水率为3%（破坏模式Ⅱ）

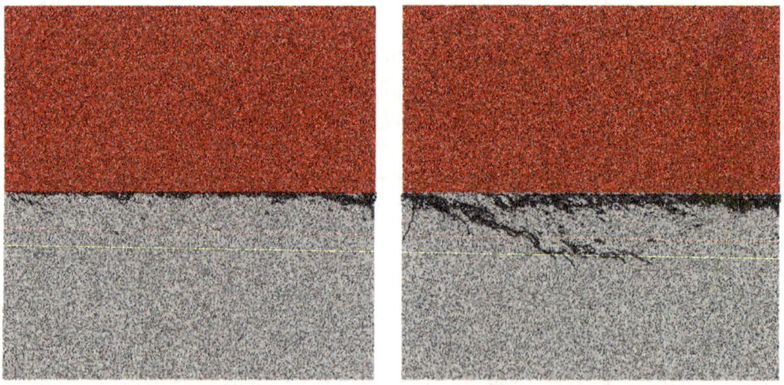

(c) 含水率为6%（破坏模式Ⅰ）　　(d) 含水率为9%（破坏模式Ⅲ）

图 6-7　σ_n = 1 MPa、不同含水率下直剪模拟试样破坏模式

表 6-7 为不同含水率下界面细观参数，可以发现，随着水化损伤的增加，试样细观力学性能不断劣化，且泥岩细观力学性能随含水率增大的弱化程度高于泥岩-树脂界面。以平行黏结抗拉强度、内聚力为例，含水率在 0～9%范围内，泥岩平行黏结法向强度、内聚力分别降低了 65.2%～90.3%、52.9%～76.5%，界面部分分别降低了 13.3%～38.2%、16.7%～36.5%。

表 6-7　界面的细观参数

E_c/GPa	k^*	μ	$\overline{E}_c$/GPa	$\overline{k}^*$	$\overline{\sigma}_c$/MPa	$\overline{C}$/MPa	含水率/%
0.65	1.4	0.577	0.65	1.4	3.4	7.2	0
0.58	1.5	0.50	0.58	1.5	2.9	5.5	3
0.55	1.7	0.46	0.55	1.7	2.1	4.57	6
0.50	1.9	0.42	0.50	1.9	1.9	4.2	9

6.2　不同含水率下泥岩锚固单体加载变形破坏特性

6.2.1　不同含水率下试样模拟结果对比

(1) 试样颗粒运动规律

由第 4 章锚固单体试样破坏特征及声发射监测结果可知，干燥及低含水率条件下，试样破坏时伴随高强度声发射信号及岩石碎块弹射现象，而高含水率下试样变形过程以大量低强度声发射信号为主，破坏过程较平缓，含水率变化会显著影响试样变形破坏的脆延性。故本节以 $\sigma_2=2$ MPa 条件下模拟结果为例，对比不同含水率下试样颗粒运动规律，从细观层面分析水对试样变形破坏特征的影响。

图 6-8 为 $\sigma_2=2$ MPa、含水率为 0 条件下试样不同阶段、不同位置 Y 向速度(沿锚杆轴向)分布图，布置 3 个监测面，从上到下分别对应临空面侧泥岩表面 A、泥岩中部截面 B(法向沿锚杆轴向)、岩石分界面侧砂岩表面 C。由图 6-8 可知，在峰前阶段试样颗粒运动速度随着轴压的增大而增大，且颗粒速度随着距离临空面距离减小而增大，以 A 面处颗粒速度最高。在 t_1 时刻(峰前 70%峰值强度处)，模型整体颗粒速度较小，此时试样变形速率较低，微裂隙发育较慢。而在 t_2 时刻(峰值强度处)，模型整体颗粒速度大幅提升，A、B、C 面处最大颗粒速度分别增加了 32.3、11.5、11.5 倍，A-B 范围内泥岩向临空面发生剧烈变形。且可以发现，在锚杆安装位置周边一定范围及两根锚杆中部位置颗粒速度几乎为零。结合图 6-9 可知，A-B 范围内由于颗粒运动方向相同但速度不同，A 面处颗粒速度远大于 B 面处，导致前后颗粒间构成张拉作用，且该范围内产生劈裂破坏。而在锚杆中部，受锚杆挤压加固作用，该范围内颗粒运动速度较小，形成颗粒低速区，颗粒间黏结仅有少量发生破断。在 t_3 时刻(峰后 75%峰值强度处)，由于 A 面处岩石破坏并脱落，颗粒速度逐渐降低。可以发现，B-C 范围内颗粒速度逐渐增大，说明随着临空面处岩石充分破碎，试样破裂范围逐渐向内部扩展。

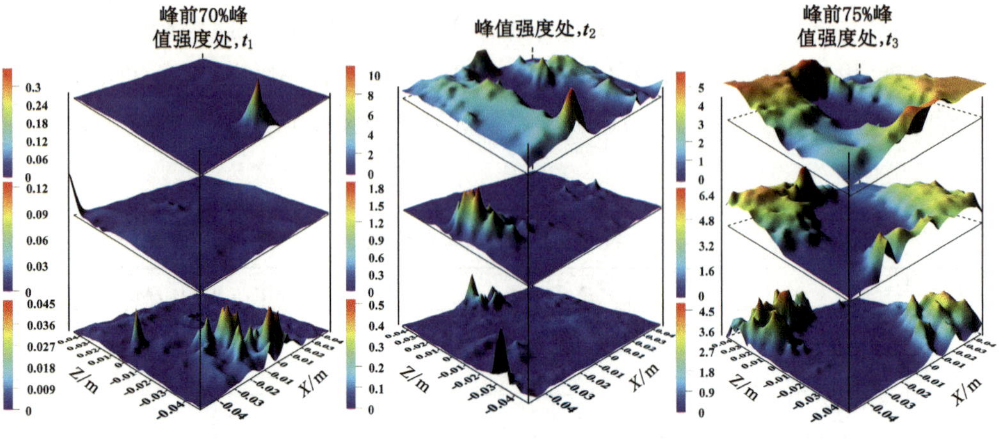

图 6-8　$\sigma_2=$ 2 MPa、含水率为 0 时试样颗粒速度分布

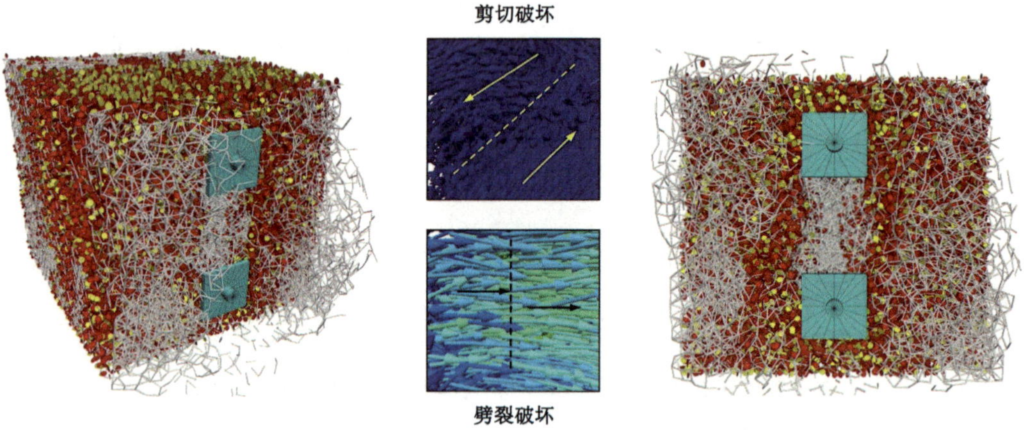

图 6-9　$\sigma_2=2$ MPa、含水率为 0 时试样破坏模式

图 6-10 所示为 $\sigma_2=2$ MPa、含水率为 6% 条件下试样颗粒速度分布规律。从图 6-10 中可以看出，该条件下颗粒运动规律与含水率为 0 条件下相同，但在 t_1 时刻颗粒运动速度高于干燥条件下，而在 t_2—t_3 时刻颗粒速度均较低。这表明在水化作用影响下，试样内部含有初始损伤，颗粒间黏结性能弱化，相互之间约束能力降低，试样变形速率增大；而在 t_2—t_3 时刻，由于试样内部已发育大量损伤，黏结断裂及微裂隙聚结所需能量较低，故颗粒速度较低。

图 6-11 所示为 $\sigma_2=2$ MPa、饱和含水率条件下试样颗粒速度分布规律。由图 6-11 可知，在 t_1 时刻 A-C 面范围内颗粒就已达到相对较高的运动速度，试样变形较大。结合表 6-8 可知，试样初始颗粒速度随着含水率增大而增大，而峰值强度处颗粒速度随着含水率增大而降低，相同时刻各面处颗粒速度差值不断减小。且可以发现，在 t_2 时刻 A 面处以及 t_3 时刻 A-C 范围内，两锚杆中部颗粒速度均较高，表明锚杆已丧失对岩石变形的约束能力，结合

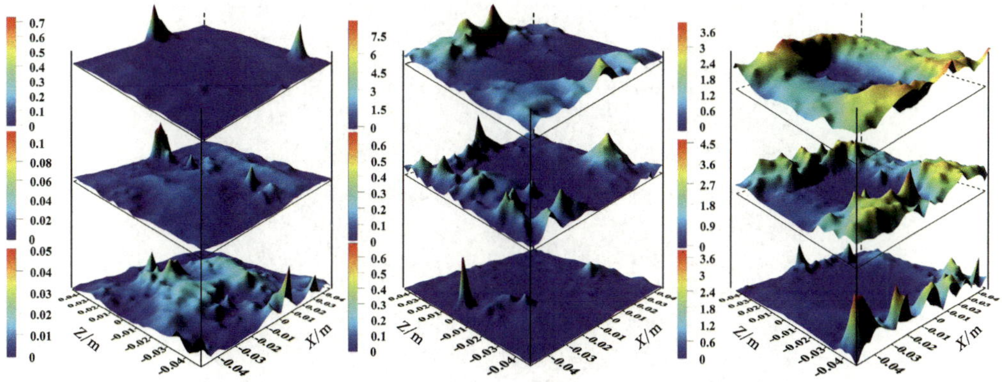

图 6-10　$\sigma_2=2$ MPa、含水率为 6%时试样颗粒速度分布

图 6-12 可知，两锚杆中部岩石已发生破坏。因此，随着水化损伤的加剧，锚杆与岩石颗粒间、岩石与岩石颗粒间黏结强度不断衰减，导致锚杆锚固力减弱，岩石软化、结构松散，在加载初始阶段试样整体即会以相对平缓的速率稳定变形。

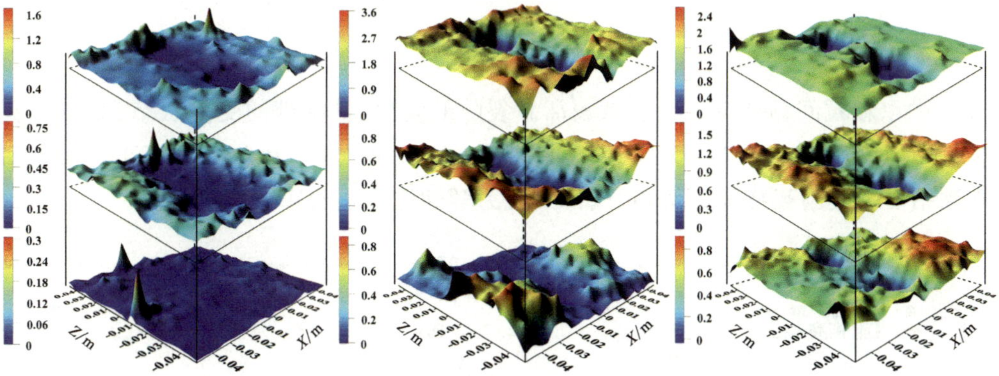

图 6-11　$\sigma_2=2$ MPa、含水率为 10.18%时试样颗粒速度分布

表 6-8　不同含水率、不同时刻下各监测面处颗粒峰值速度

含水率/%	A 面			B 面			C 面		
	t_1	t_2	t_3	t_1	t_2	t_3	t_1	t_2	t_3
0	0.3	10	5	0.12	1.5	6	0.04	0.5	4
3	0.3	8.5	3.6	0.11	0.8	4.5	0.04	0.6	3.6
6	0.6	8	3	0.1	0.6	4	0.05	0.6	3
8	0.7	5	3.5	0.7	3.6	4.2	0.2	0.7	4.6
10.18	1.5	3	2.5	0.6	0.8	1.5	0.3	0.8	0.8

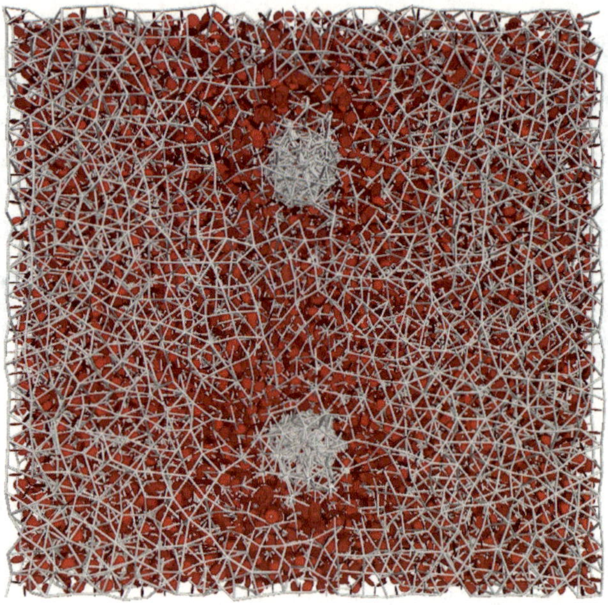

图 6-12　σ_2 = 2 MPa、含水率为 10.18%时试样破坏模式

(2) 试样黏结断裂及受力特征

PFC 中以颗粒间黏结键的断裂来表征微裂隙的萌生，黏结键的受力状态(受拉或受压)及断裂特征能够反映试样细观力学性质。如图 6-13 所示，以 σ_2 = 2 MPa、不同含水率条件下试样黏结受力及断裂特征为例，对试样细观力学性能演化规律进行分析。

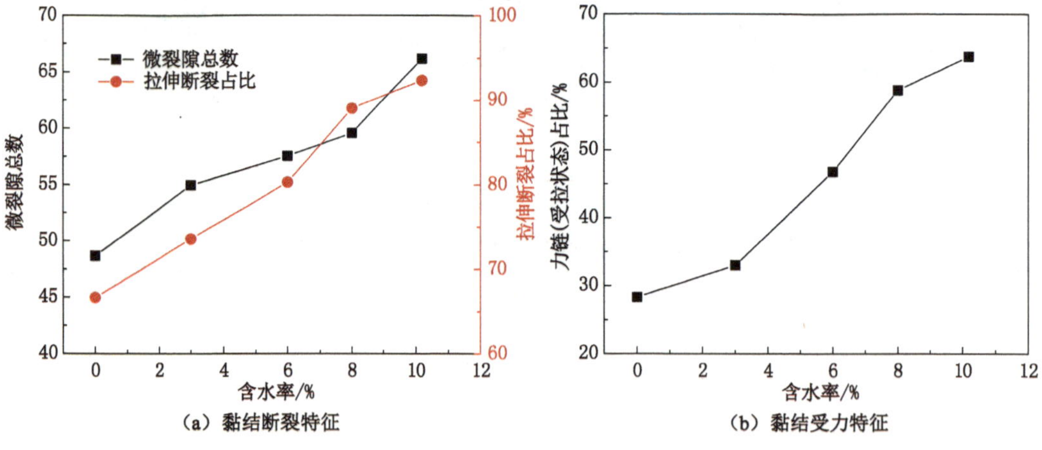

图 6-13　不同含水率下黏结断裂及受力特征

由图 6-13(a)可知，试样破坏时微裂隙总数随着含水率的增加不断增加，试样整体损伤程度不断加剧，且其中拉伸断裂占比随含水率增加显著提升。而由图 6-13(b)可知，试样黏结受力状态随含水率增加由以受压为主变为以受拉为主，结合前文试样细观参数可知，相同应力水平下，含水率的增大会削弱岩石、界面颗粒间的黏结抗拉强度并改变黏结受力状

态，致使颗粒间黏结更容易发生断裂。

(3) 试样能量演化规律

从能量的角度看，颗粒运动以及相互之间黏结断裂、微裂隙聚结、试样变形及最终发生宏观破坏是内部能量累积和转化作用的结果。假设试验过程中，系统对外没有热交换，则墙体对试样所做的功全部转化为用于颗粒运移、裂隙发育扩展的内部耗散能及应变能。其中模型应变能由线性应变能 E_k 与平行黏结应变能$\bar{E}_k$ 组成，由式(6-1)和式(6-2)表示：

$$E_k=\frac{1}{2}\left(\frac{(F_n^l)^2}{k_n}+\frac{\|F_s^l\|^2}{k_s}\right) \tag{6-1}$$

$$\bar{E}_k=\frac{1}{2}\left(\frac{\bar{F}_n^2}{\bar{k}_n\bar{A}}+\frac{\|\bar{F}_s\|^2}{\bar{k}_s\bar{A}}+\frac{\bar{M}_t^2}{\bar{k}_s\bar{J}}+\frac{\|\bar{M}_b\|^2}{\bar{k}_n\bar{I}}\right) \tag{6-2}$$

内部耗散能由颗粒动能 E_c、黏结滑移摩擦能 E_μ、缓冲器消耗的总能量 E_β 以及局部阻尼能 E_{da}组成。

以 $\sigma_2=2$ MPa 条件下模拟结果为例，分析不同含水率下试样能量演化规律。如图 6-14 所示，除饱和含水率条件下，在初始加载阶段，不同含水率下试样应变能均随应变增大而增大，耗散能几乎为零，该阶段以应变能累积为主。而当临近峰值应变时，应变能增长速率逐渐减小，颗粒动能、滑移摩擦能等耗散能逐渐增加，试样内部黏结逐步发生破断。在破坏阶段，耗散能大幅增加使试样内部微裂隙迅速发育并聚结，试样发生宏观破坏并致使积蓄的应变能逐步释放。由图 6-14(c)可知，在加载初始阶段，饱和含水率试样颗粒动能高于其他条件下，因此具有相对较高的初始速度。且对比不同含水率下模拟结果，试样应变能与耗散能均呈现随含水率增加而降低的趋势，其中饱和含水率条件下试样峰值应变处能量远低于其他条件下。由此说明水对锚固结构承载能力的损伤主要通过弱化各部分间黏结强度，使其断裂破坏所需外部输入的能量减小，从而导致锚固结构整体强度不断降低。

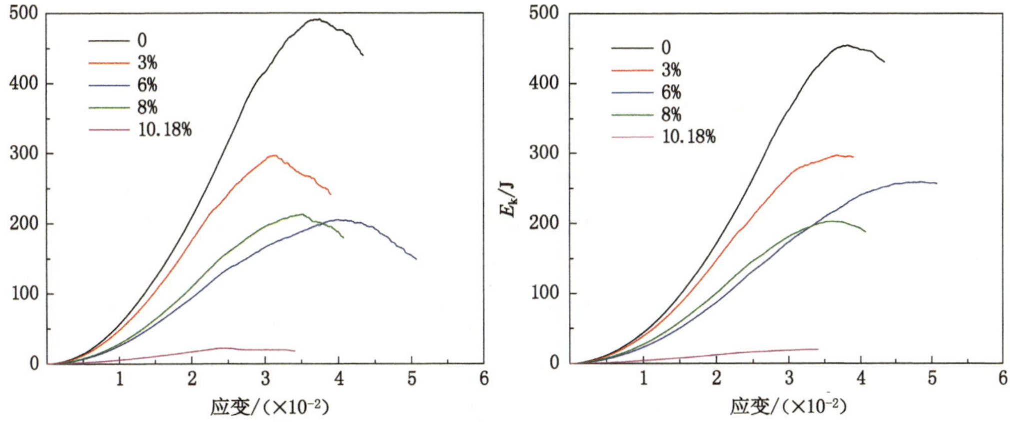

(a) $\bar{E}_k$　　(b) E_k

图 6-14　不同含水率下试样能量演化规律

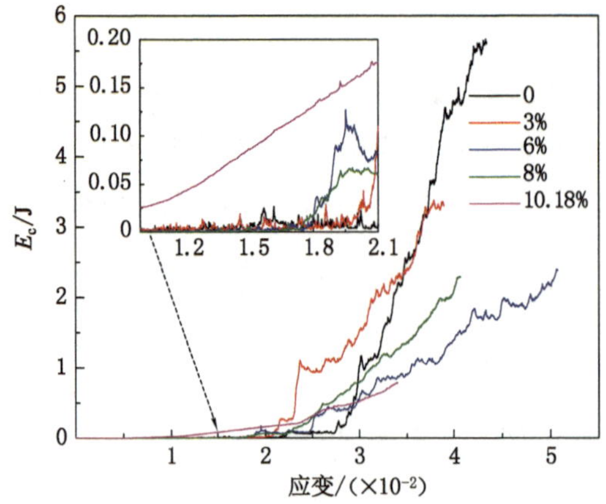

(c) E_c

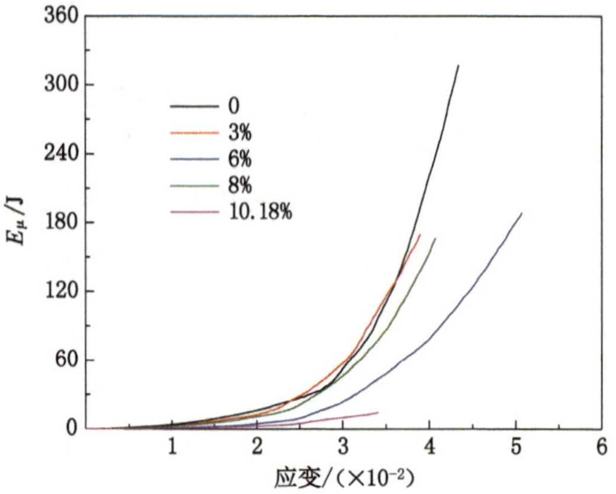

(d) E_μ

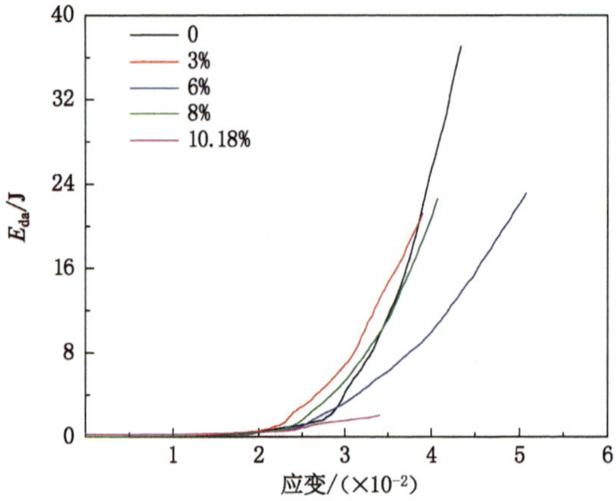

(e) E_{da}

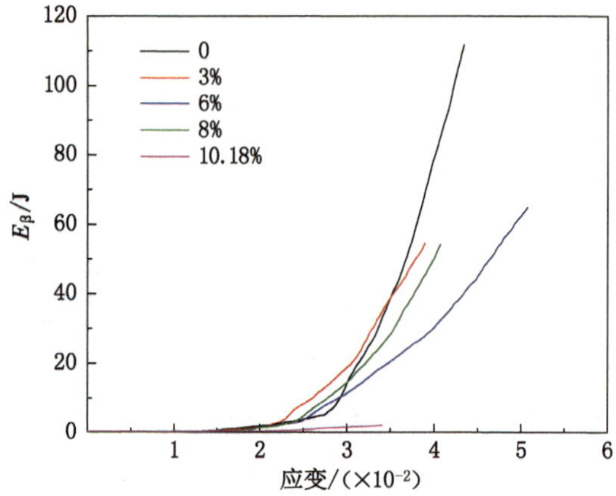

(f) E_β

图 6-14(续)

6.2.2 不同侧向应力下试样模拟结果对比

(1) 试样颗粒运动规律

结合图 6-15 可以发现，随着 σ_2 的增大试样在 t_1 时刻颗粒速度发生显著降低，A、B、C 处颗粒速度分别降低了 33.3%～95.3%、35%～90%、53.3%～80%。而 t_2—t_3 时刻颗粒速度随 σ_2 增大而增大。且可以发现，随着侧向应力的增大，t_3 时刻两锚杆间颗粒速度显著降低，而锚杆周边形成的颗粒低速区范围逐渐增大。这表明在初始阶段，σ_2 的增大可以对试样内微裂隙损伤进行压密，抑制颗粒的运动，并会强化岩石-锚杆间的耦合效果，增强锚杆对岩石的加固作用。

(2) 试样黏结断裂及受力特征

如图 6-16 所示，以饱和含水率条件下试样黏结受力及断裂特征为例，对试样细观力学性能演化规律进行分析。由图 6-16(a)可知，试样破坏时微裂隙总数随着 σ_2 的增加呈线性

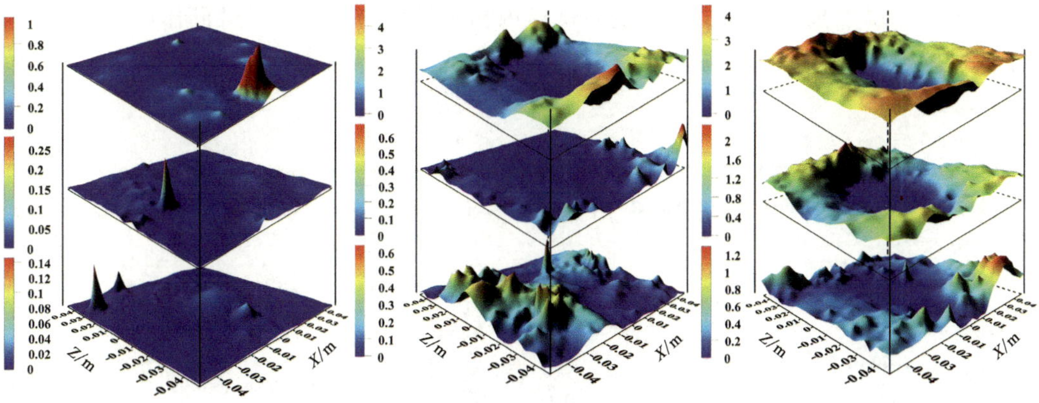

(a) σ_2=4 MPa、含水率为10.18%

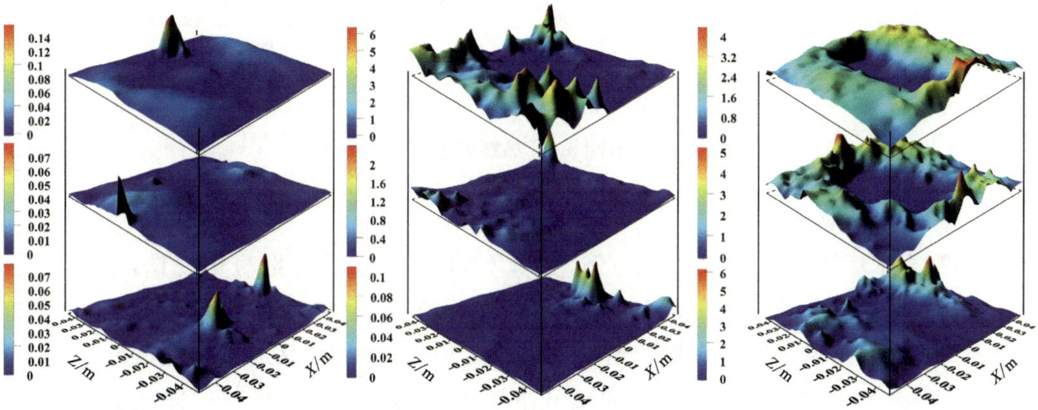

(b) σ_2=6 MPa、含水率为10.18%

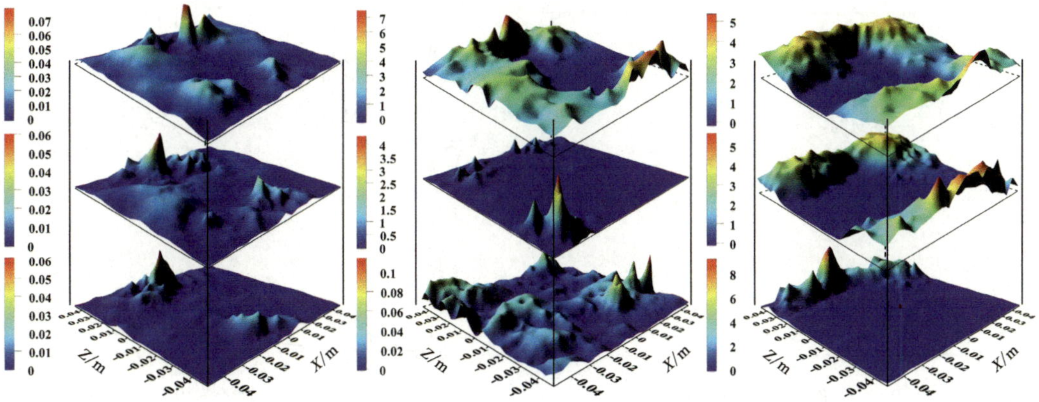

(c) σ_2=8 MPa、含水率为10.18%

图 6-15　不同 σ_2 下试样颗粒速度分布

降低，且其中拉伸断裂占比随 σ_2 增大逐渐减小。而由图 6-16(b)可知，试样内部处于受拉状态的黏结随 σ_2 增加呈线性减少。这表明试样内黏结受水与应力水平共同影响，而在含水率相同条件下，黏结受力状态受 σ_2 变化影响，σ_2 的增大可以改变黏结不利受力状态并有效抑制损伤发育。

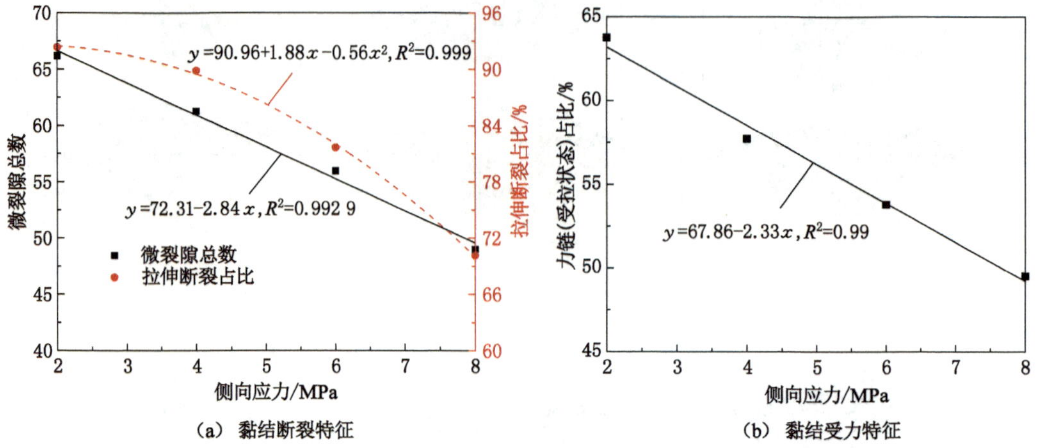

图 6-16 不同 σ_2 下黏结断裂及受力特征

(3) 试样能量演化规律

以饱和含水率条件下模拟结果为例，分析不同 σ_2 下试样能量演化规律，如图 6-17 所示。可以发现，σ_2 会加强试样的能量存储能力，试样黏结应变能与颗粒耗散能峰值均随 σ_2 的增大而增大，试样破坏时外部墙体输入的总能量增加。因此，从能量的角度分析，相同含水率条件下，σ_2 对锚固结构承载能力的提升主要通过增加试样破坏前的储能极限，增大颗粒间黏结断裂所需的能量。

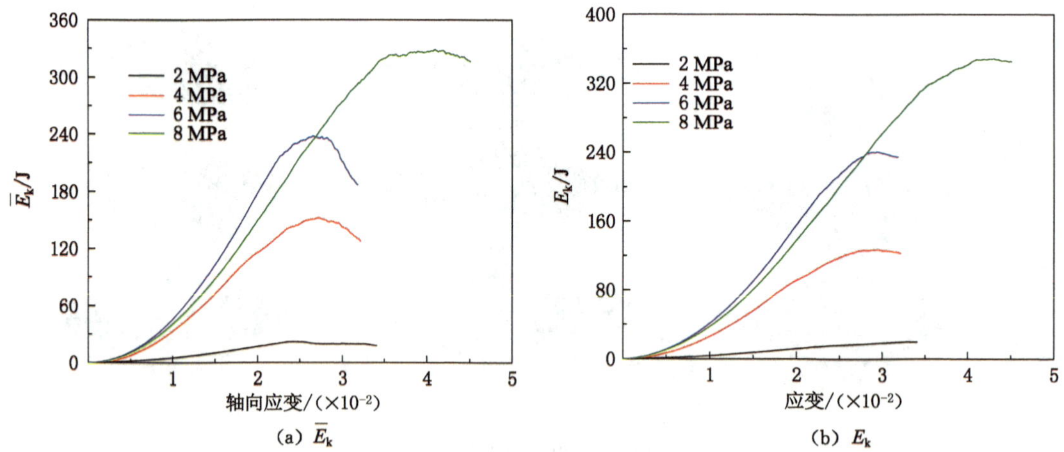

图 6-17 不同 σ_2 下试样能量演化规律

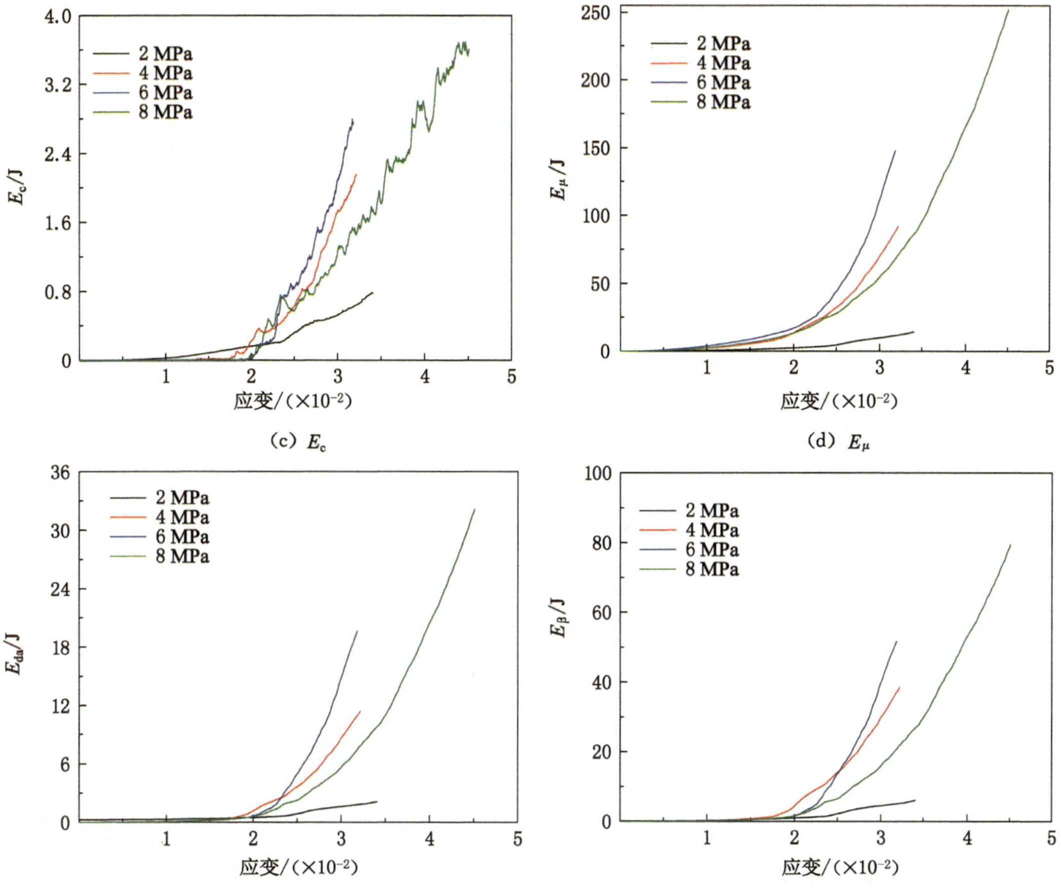

(c) E_c　(d) E_μ

(e) E_{da}　(f) E_β

图 6-17(续)

6.3 含水率影响下泥岩锚固试样直剪变形破坏特性

6.3.1 不同含水率下试样模拟结果对比

(1) 试样颗粒运动规律

以 σ_n=1 MPa、不同含水率下直剪模拟结果为例,对含水率影响下试样微裂纹演化规律进行分析,如图 6-18 所示。由图 6-18 可知,不同含水率下微裂纹演化呈现相近趋势,均表现为无变化—缓慢增长—快速发育的变化规律。在加载初期,试样内部几乎无微裂隙产生。随着剪切位移的增大,试样内部岩石与树脂间、岩石与岩石间黏结发生断裂,微裂隙开始缓慢增长。而当临近峰值强度时,大量微裂隙聚结并逐渐形成宏观裂隙,试样内部损伤快速发育,微裂隙数骤增。可以发现,随着含水率的增大,试样破坏时微裂隙数逐渐增加,且微裂隙快速增长起始点对应的剪切应力不断降低。含水率为 0、3%、6%、9%条件下,微裂隙快速增长起始点对应的剪切应力分别为峰值应力的 97.8%、96.0%、95.8%、78.8%。

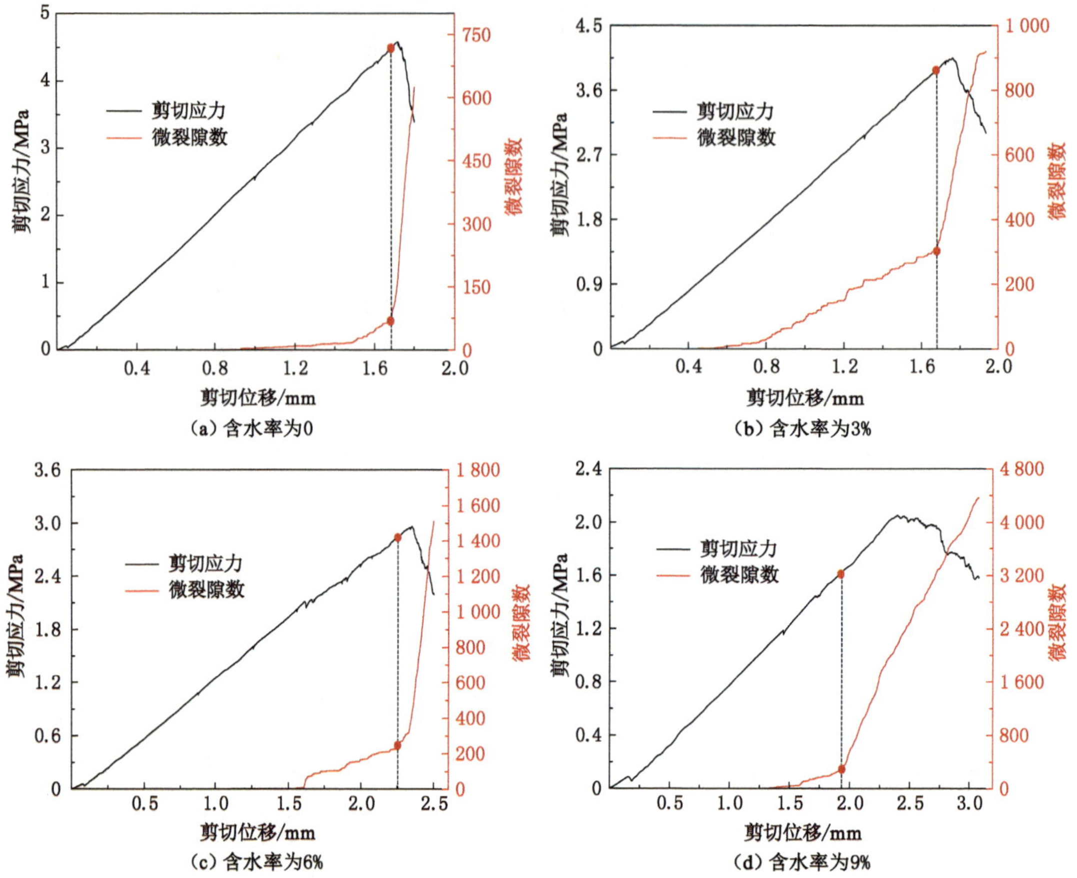

图 6-18 σ_n = 1 MPa、不同含水率下直剪模拟试样微裂纹演化规律

由前文直剪试验及模拟结果可知，试样破坏模式主要有：沿界面破坏、混合破坏及沿界面附近岩石发生破坏。因此，通过分析不同破坏模式下试样内部颗粒剪切应力分布规律，研究含水率影响下岩石-锚固剂结构损伤演化细观机制。

图 6-19 为 σ_n=1 MPa、含水率为 0 条件下(沿界面破坏)不同加载阶段颗粒剪切应力 σ_{ps} 分布云图，不同阶段(图中从左到右，从上到下，下同)对应剪切应力为峰值强度的 60%、70%、80%、90%、100%及峰后峰值强度 75%(为便于观测，去除剪切应力较小区域，标尺对应范围为 0.15σ_{psmax}～σ_{psmax})。由图 6-19 可知，在峰前阶段，随着剪切位移的增大，试样两侧中部形成 σ_{ps} 集中区域并逐渐向试样内部扩展，最终形成以黏结面为中线、涵盖界面周边一定范围内树脂、岩石的 σ_{ps} 集中带。这表明该条件下界面黏结性能完好，可有效联动周边树脂、岩石抵抗外部载荷，形成共同承载区域。在峰后阶段，随着界面黏结断裂失效，σ_{ps} 集中带范围不断减小，岩石与树脂间发生解耦。

图 6-20 为 σ_n=1 MPa、含水率为 6%条件下(混合破坏)不同加载阶段 σ_{ps} 分布云图。由图 6-20 可知，该条件下 σ_{ps} 分布及演化规律表现出与 σ_n=1 MPa、含水率为 0 条件下相同的

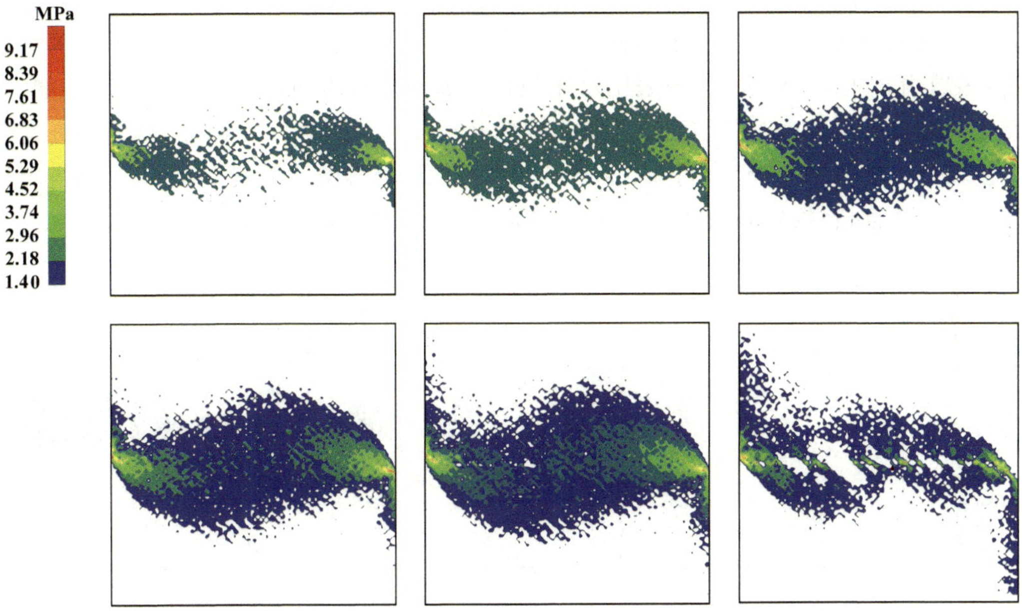

图 6-19　$\sigma_n = 1$ MPa、含水率为 0 条件下颗粒剪切应力分布云图

趋势，但区域内 σ_{ps} 显著降低。这表明水化作用导致界面黏结性能劣化，弱化了界面对树脂与岩石的联动能力。且由于泥岩水化损伤力学性能降幅高于界面，黏结面附近部分岩石沿弱面发生破坏，进一步损伤了共同承载区域的承载性能。可以发现，峰后峰值强度 75%对应时刻，含水率为 0 条件下界面周边仍存在一定范围的共同承载区域，而含水率为 6%条件下，σ_{ps} 主要集中在泥岩部分，岩石-树脂结构共同承载能力表现出更高的衰减速度。

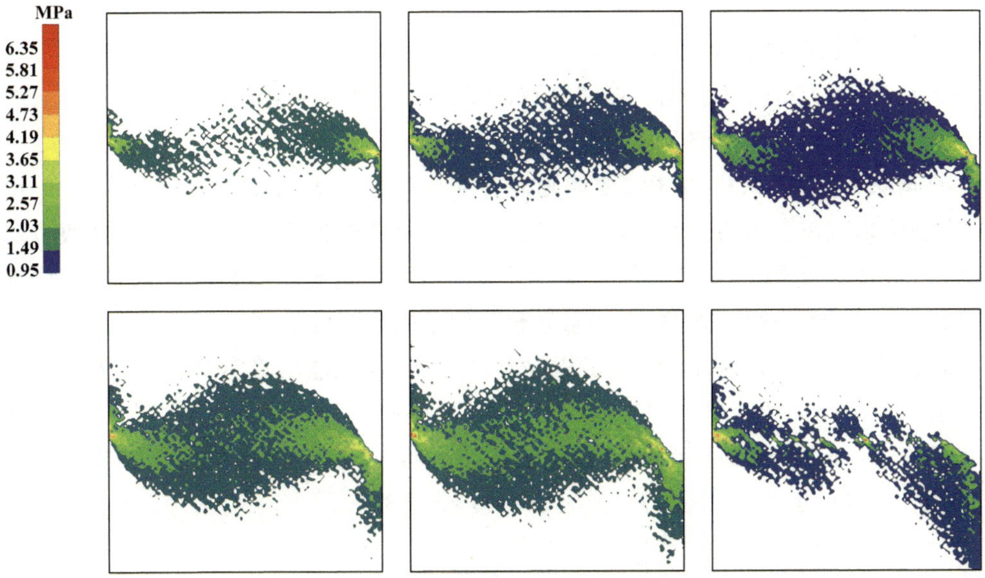

图 6-20　$\sigma_n = 1$ MPa、含水率为 6%条件下颗粒剪切应力分布云图

图 6-21 为 $\sigma_n=1$ MPa、含水率为 9%条件下(沿岩石部分破坏)不同加载阶段 σ_{ps} 分布云图。σ_{ps} 演化趋势与前两种情况下相同,但 σ_{ps} 集中区域扩展速度以及 σ_{ps} 集中带范围均显著减小,区域内 σ_{ps} 也明显减小。这表明水化损伤的加剧进一步弱化了界面的黏结性能,共同承载区域难以形成。由于黏结面不能有效发挥联动作用且泥岩松散破碎,界面附近岩石首先发生破坏。结合图 6-18(d)可知,泥岩表面(界面处)岩石颗粒均发生破坏,这加速了树脂与岩石间的解耦,在峰后峰值强度 75%对应时刻,试样已基本丧失承载能力。

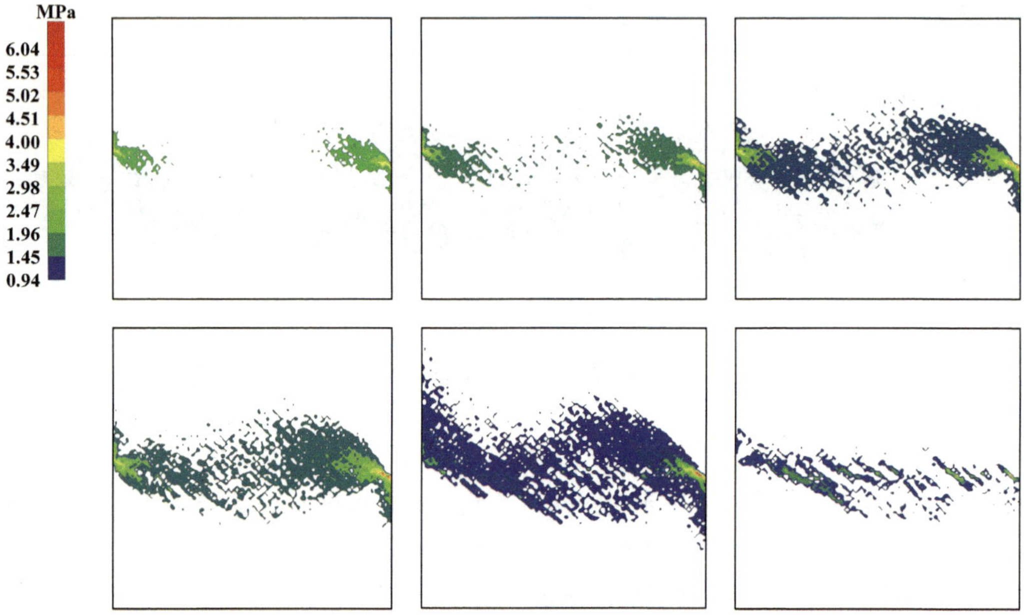

图 6-21 $\sigma_n=1$ MPa、含水率为 9%条件下颗粒剪切应力分布云图

(2) 试样直剪能量演化规律

以 $\sigma_n=1$ MPa、不同含水率下直剪过程能量演化规律为例,如图 6-22 所示。从图中可以看出,不同含水率下能量演化规律趋势大致相同。

在直剪试验初期,试样内部应变能随着剪切位移的增大而不断累积,且曲线斜率不断增加,应变能累积速率随剪切位移增大而增大。而耗散能仅有少量增加,此时颗粒动能较小,试样变形过程较平缓,该阶段仅有少量微裂隙产生。达到峰值强度附近,试样内部累积的应变能迅速释放,而耗散能骤增,大量能量作用于微裂隙的发育与扩展。

可以发现,随着含水率的增加,试样黏结应变能、耗散能均显著降低,这表明泥岩锚固试样随着水化损伤的加剧,岩石与树脂、岩石与岩石颗粒间黏结强度不断降低,黏结断裂所需能量减少,试样内储能极限降低。随着含水率的增加,峰值处对应线性应变能与平行黏结应变能分别降低了 38.87%~75.57%、40.61%~78.45%。

6.3.2 不同法向应力下试样模拟结果对比

(1) 试样细观力学性能

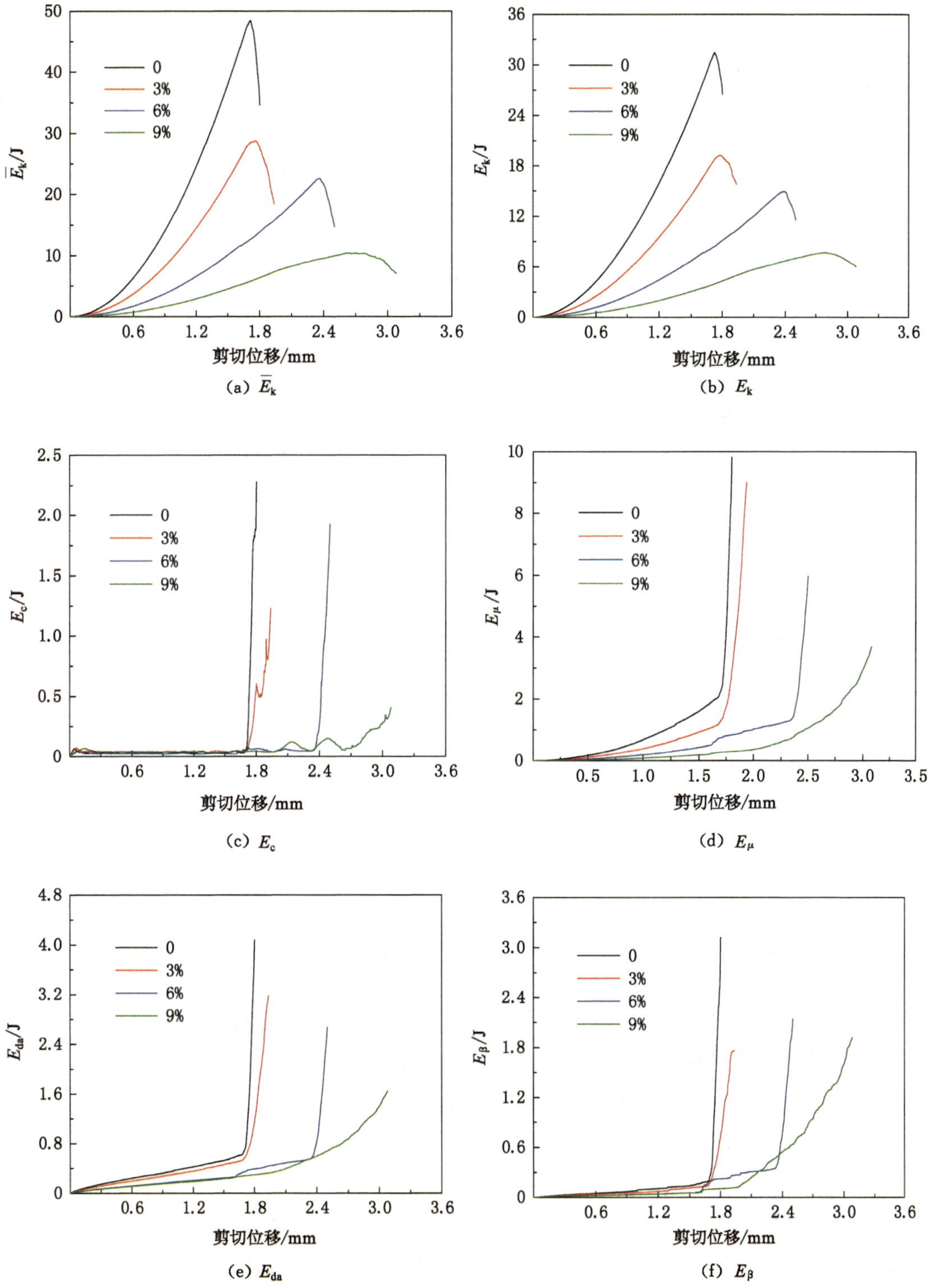

图 6-22　$\sigma_n = 1$ MPa、不同含水率下能量演化规律

以含水率为 6%、不同 σ_n 条件下直剪模拟结果为例，对不同 σ_n 下试样微裂纹演化规律进行分析，如图 6-23 所示。

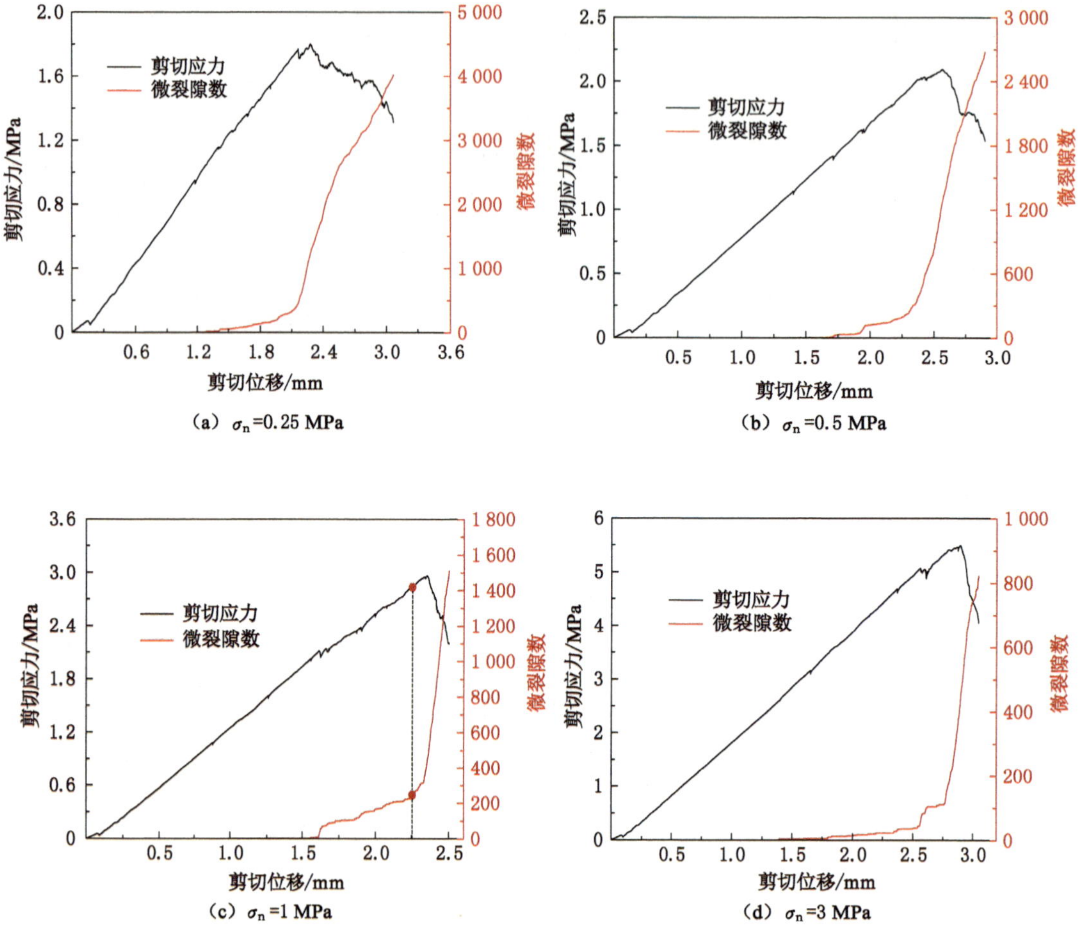

(a) σ_n=0.25 MPa (b) σ_n=0.5 MPa (c) σ_n=1 MPa (d) σ_n=3 MPa

图 6-23　含水率为 6%、不同 σ_n 条件下直剪模拟试样微裂纹演化规律

不同 σ_n 下试样微裂纹演化呈现相同趋势，加载初期试样内部几乎无微裂隙产生，当剪切应力接近峰值时，微裂隙迅速发育聚结。σ_n＝0.25 MPa、0.5 MPa、1 MPa、3 MPa 条件下试样总微裂隙数分别为 4 023、2 676、1 512、823，总微裂隙数随着 σ_n 增加而减少，试样对应破坏模式如图 6-24 所示。可以发现，σ_n 的增大会显著增强岩石部分抗剪能力，σ_n 对试样承载能力的提升主要通过对岩石部分的压实加固。

分别对相应破坏模式下试样颗粒剪切应力分布及演化规律进行分析，如图 6-25 所示（从上到下依次为 σ_n＝0.25 MPa、0.5 MPa、3 MPa，从左到右依次为峰值剪切应力 90%、100%及峰后峰值强度 75%对应时刻）。从图 6-25 中可以发现，不同 σ_n 下颗粒剪切应力演化规律趋势基本一致。而随着 σ_n 的增大，应力集中区域内剪切应力随之增加，这表明 σ_n 的增大可以提升岩石-锚固剂的共同承载能力。但剪切应力集中范围随 σ_n 变化不明显，这表

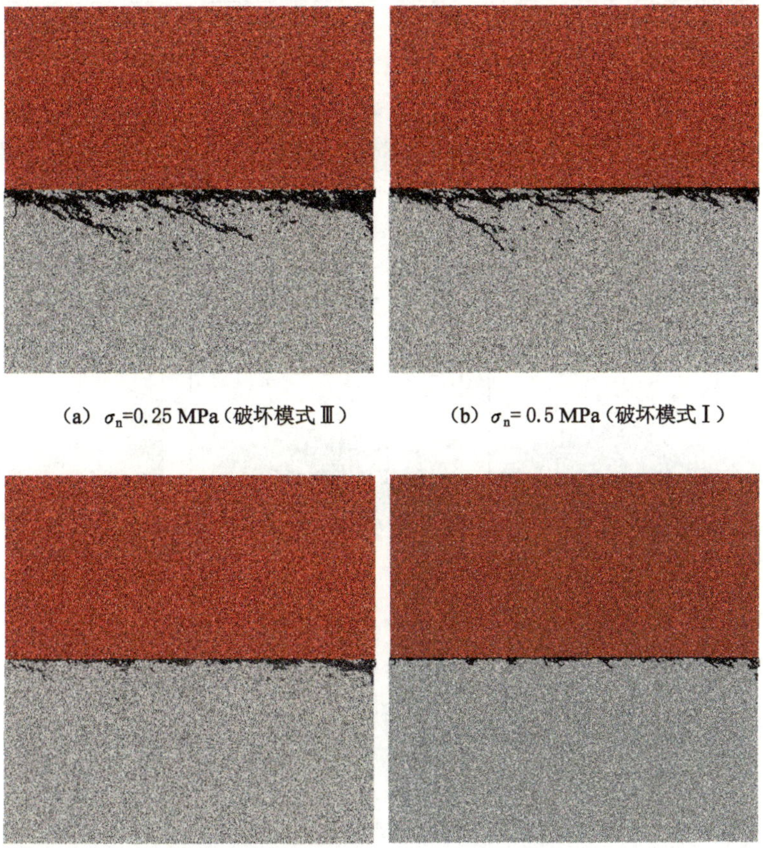

（a）σ_n=0.25 MPa（破坏模式Ⅲ）　（b）σ_n= 0.5 MPa（破坏模式Ⅰ）

（c）σ_n=1 MPa（破坏模式Ⅰ）　（d）σ_n=3 MPa（破坏模式Ⅱ）

图 6-24　含水率为 6%、不同 σ_n 下直剪模拟试样破坏模式

明 σ_n 的增加对黏结面的联动能力提升有限，主要通过强化岩石部分力学性能实现增强试样承载能力。

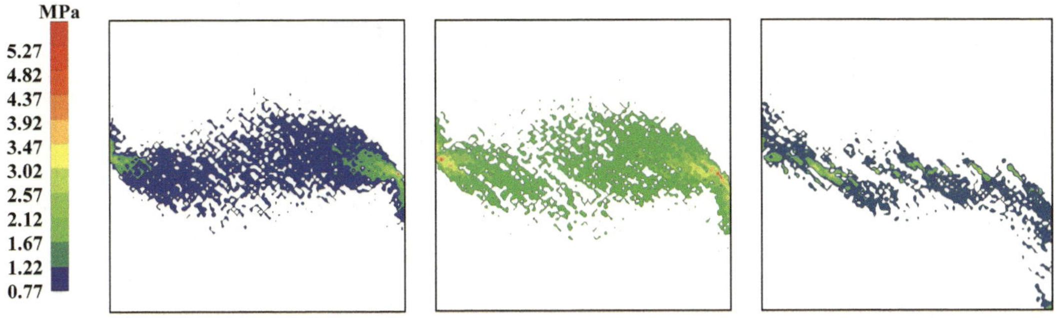

（a）σ_n=0.25 MPa

图 6-25　含水率为 6%、不同 σ_n 条件下颗粒剪切应力分布云图

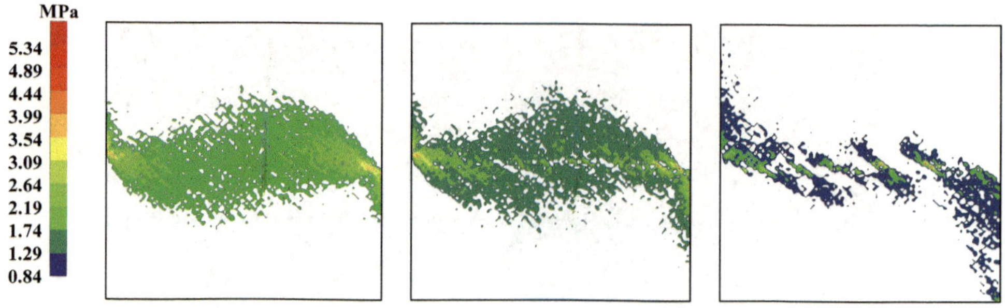

(b) σ_n=0.5 MPa

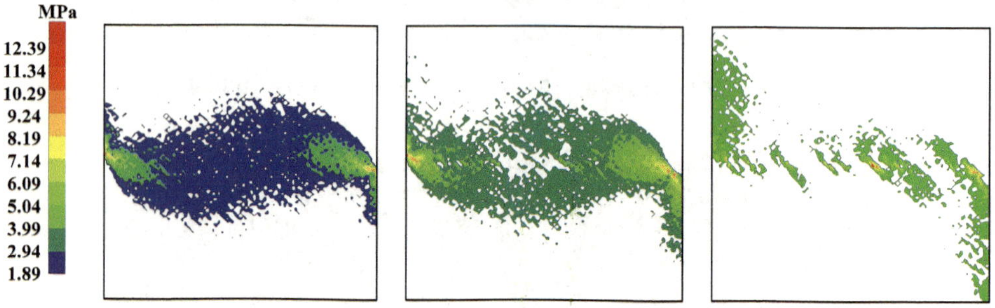

(c) σ_n=3 MPa

图 6-25(续)

(2) 试样直剪能量演化规律

图 6-26 为含水率为 6%、不同 σ_n 条件下试样直剪过程能量演化规律。由图 6-26 可知，在试样弹性变形阶段，黏结应变能不断增大，且曲线斜率不断增加，应变能增长速率随着剪切位移增大而不断增大，耗散能在该阶段几乎无增长，结合图 6-23 可知，该阶段少有颗粒间黏结发生断裂。而在峰值强度前后，应变能快速释放，作用于微裂隙的萌生与聚结，耗散能发生陡增。可以看出，试样应变能与耗散能均随 σ_n 增大而增大，这表明 σ_n 对试样内裂隙发育有显著的抑制作用，σ_n 的增大会提高裂隙发育扩展所需能量，强化承载结构的能量存储能力。

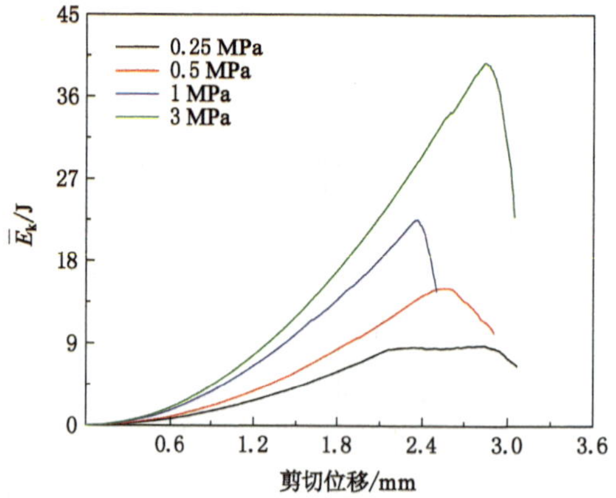

(a) $\overline{E}_k$

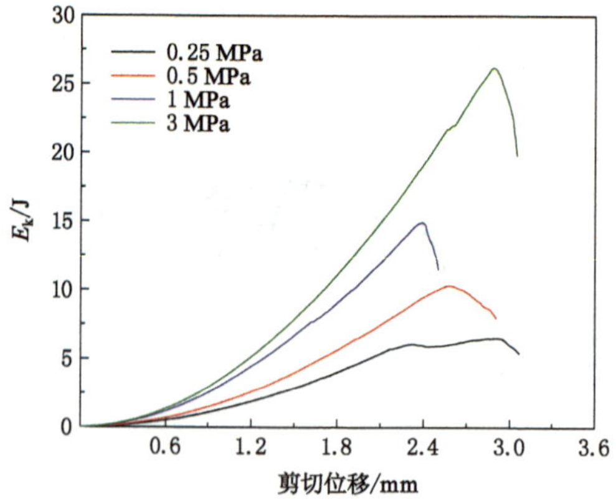

(b) E_k

图 6-26 含水率为 6%、不同 σ_n 下能量演化规律

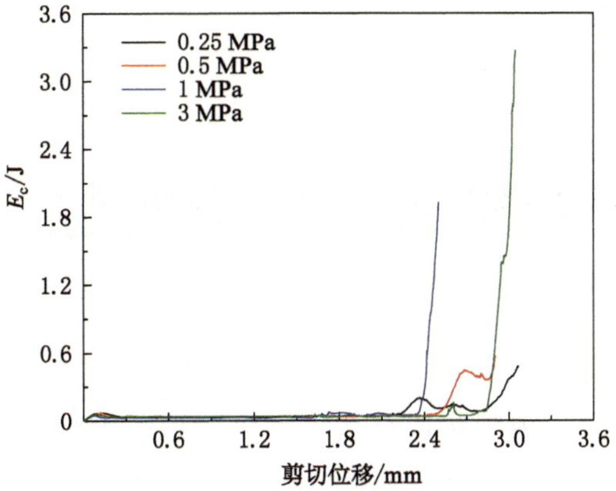

(c) E_c

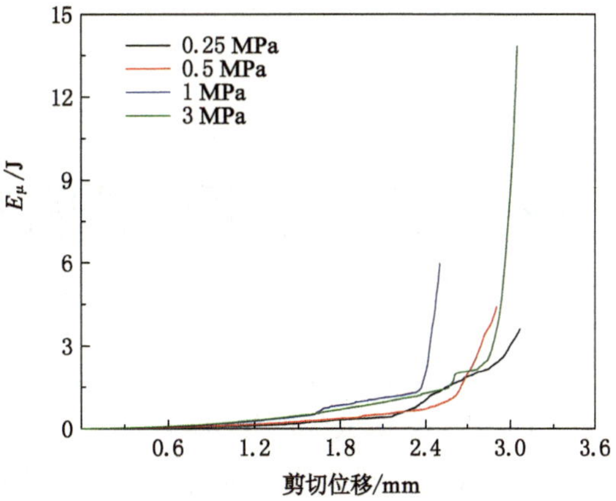

(d) E_μ

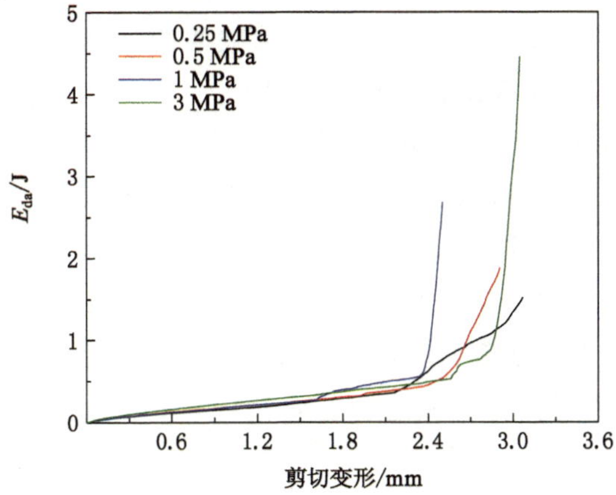

(e) E_{da}

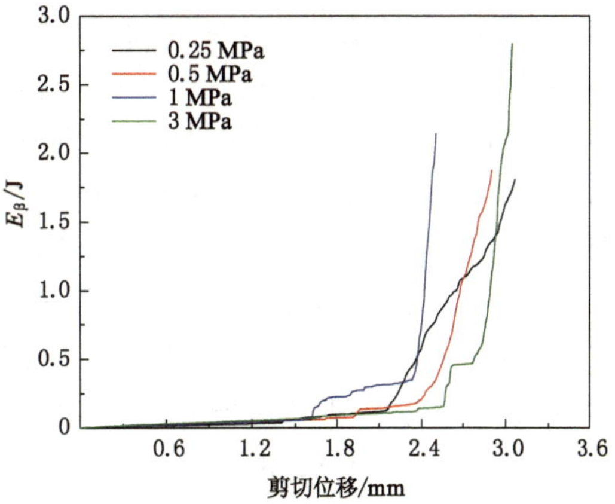

(f) E_β

图 6-26(续)

第7章　岩石-锚固剂结构微观力学特性

前文分别从宏细观层面对不同含水率下锚固单体承载特性以及岩石-树脂结构直剪特性进行了研究，根据试验结果可知，水化损伤作用下泥岩锚固结构失效主要原因为岩石-锚固剂界面脱黏以及界面附近围岩破碎导致锚杆丧失对围岩的约束能力，岩石-树脂界面黏结能力以及界面周边岩石的强度、结构对锚固结构承载能力至关重要。现有研究表明，水对岩石、锚杆等材料的侵蚀是由微观颗粒溶解扩散、离子交换到宏观腐蚀破坏的过程，因此，岩石-树脂微观结构与力学性质是影响泥岩锚固结构承载能力的重要因素。

目前对于岩石、界面等介质微观结构特征的研究，常用的方法有扫描电镜(SEM)试验和X射线衍射(XRD)等测试手段，能够有效分析材料微观结构以及成分分布。但这些方法仅能以定性的角度分析，而对于材料在微观尺度下的力学特性与变形特征则难以获取。针对此类问题，纳米压痕测试手段逐渐得到广泛运用，该方法可有效获取岩石类材料微观力学性质。

基于此，本章在前文泥岩锚固结构水化损伤宏细观试验的基础上，制备不同含水率下泥岩锚固试样，基于SEM试验与纳米压痕试验，对比分析水化损伤作用下岩石-树脂结构微观力学性质与结构特征变化。

7.1　纳米压痕试验原理

纳米压痕测试是一种微观尺度力学测量方法，可以在纳米尺度上测量材料的整体硬度、弹性模量、蠕变行为、载荷-位移曲线等力学性质。试验分为三个阶段：加载—恒压—卸载。试验通过仪器压头从测试试样表面——试样初始表面压入，随着压头的深入，试样表面会形成与压头外形相匹配的轮廓——峰值载荷下试样表面（常用的有三棱锥、圆锥、球形及平压头）。在卸载阶段，试样弹性变形逐渐恢复，而塑性变形则形成最终压痕形貌——卸载后试样表面，如图7-1所示。

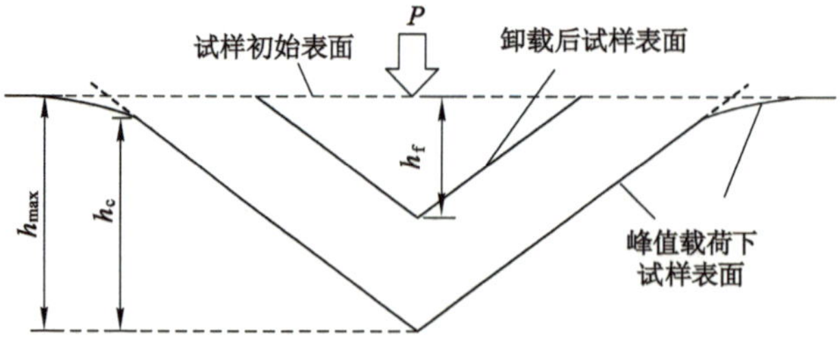

图7-1　压痕形貌示意图

典型纳米压痕载荷-位移曲线如图7-2所示。由图7-2可知，在加载阶段试样变形随着载荷的增大逐渐增加，此阶段试样变形包含弹性与塑性变形。达到设定的峰值载荷后进入恒压阶段，该阶段对于获得稳定的卸载数据至关重要[147-148]。在卸载阶段，根据卸载曲线可以获取该压痕测点的相关微观力学性质。

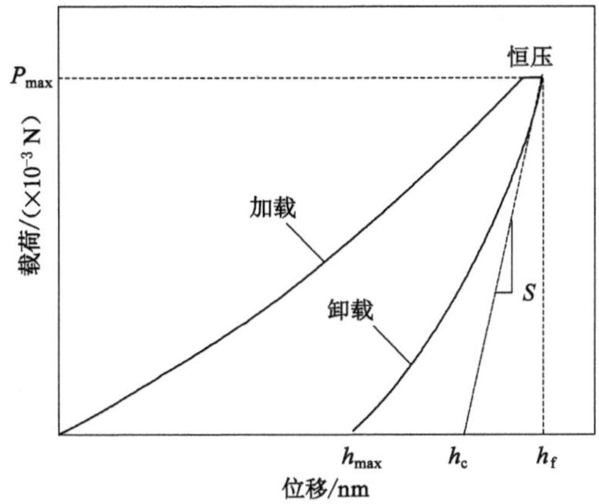

图7-2　纳米压痕的载荷-位移曲线

目前常用的压痕载荷-位移分析方法为Oliver-Pharr法[149]，该方法将卸载阶段曲线拟合为幂函数：

$$P = \alpha (h - h_f)^{\beta} \tag{7-1}$$

式中，P为压痕载荷；h_f为卸载后压痕深度；α、β为曲线拟合参数。

系统接触刚度S可以通过对式(7-1)在峰值载荷点处求导得到：

$$S = \frac{dP}{dh_{(h=h_{max})}} = \alpha\beta (h_{max} - h_f)^{\beta-1} \tag{7-2}$$

峰值载荷下接触深度h_c可由式(7-3)求取：

$$h_c = h_{max} - \frac{\varepsilon P_{max}}{S} \tag{7-3}$$

式中，ε为与压头几何形状相关的参数，试验所采用的为Berkovich压头，ε=0.726 8；h_{max}为峰值压入深度；P_{max}为峰值载荷。而峰值载荷下压头与试样接触面积A_c，可以通过接触深度进行计算。对于理想Berkovich压头有：

$$A_c = 24.5h_c^2 \tag{7-4}$$

则纳米压痕硬度H_{IT}与折算模量E_r计算公式为：

$$H_{IT} = \frac{P_{max}}{A_c} \tag{7-5}$$

$$E_r = \frac{S\sqrt{\pi}}{2\beta'\sqrt{A_c}} \tag{7-6}$$

式中，β'为与压头外形相关的参数，对于Berkovich压头，β'=1.034。

如不考虑压头的非刚性对试样弹性模量的影响，则可以用E_r来表示试样的弹性模量，

否则弹性模量 E_{IT} 由式(7-7)计算：

$$E_{IT}=\frac{1-\nu_{IT}^2}{\dfrac{1}{E_r}-\dfrac{1-\nu_i^2}{E_i}} \tag{7-7}$$

式中，ν_{IT} 为样品的泊松比，而泊松比对于计算结果几乎无影响[150-151]，计算取 $\nu_{IT}=0.3$；E_i、ν_i 分别为压头材料的弹性模量与泊松比，对于本试验，$E_i=1\ 141$ GPa，$\nu_i=0.07$。

7.2 试验方案

7.2.1 岩样制备

(1) 微观测试锚固泥岩试样制备

首先制备 10 mm×10 mm×5 mm 规格的方形泥岩试样，根据岩石力学试验相关规程要求，打磨试样表面直至其不垂直度与不平行度小于 0.02 mm。将得到的泥岩试样至于干燥箱内烘干后放入恒温恒湿养护箱内进行浸水处理，浸水过程中每隔一段时间将岩样取出称重，直至岩样含水率达到设定值(0、3%、6%、9%、饱和含水率 11.83%)。岩样达到设定含水率后置入模具，倒入环氧树脂，待环氧树脂固化后即可得到用于纳米压痕试验及电镜扫描试验的锚固泥岩试样，如图 7-3 所示。

图 7-3　微观测试锚固泥岩试样

(2) 纳米压痕试样制备

由于纳米压痕试验要求待测岩样具有较高的光滑程度，因此为获取足够光滑的测试面，确保试验结果的准确性，在试验开始前需要对试样进行精磨与抛光。为了试样在打磨抛光过程中具有足够的稳定性，利用镶样机对锚固泥岩试样进行冷镶，冷镶材料采用低黏度的树脂。试样冷镶后，分别采用 800 目、1 200 目、1 500 目、2 000 目、2 500 目以及 3 000 目的砂纸进行打磨，进一步采用 3 μm、1 μm 和 0.5 μm 的金刚石悬浮液进行抛光，金刚石悬浮液采用甲醛基悬浮液，避免试样进一步受水侵蚀，打磨抛光后的试样如图 7-4(a) 所示。

(a) 打磨抛光后的试样

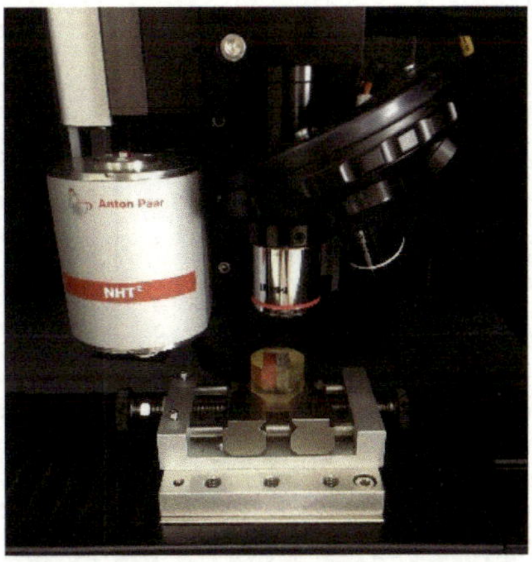

(b) 纳米压痕测试仪

图 7-4　纳米压痕试样及仪器

7.2.2　纳米压痕试验方案

试验采用 Anton Paar NHT2 型纳米压痕测试仪对打磨抛光后的试样进行纳米压痕试验，该仪器适合在纳米到微米的尺度下测量硬度、弹性模量、蠕变以及其他表面特性，如图 7-4(b)所示。它的量程为 $1.0\times10^{-4}\sim0.5$ N，载荷分辨率为 10^{-8} N，最大压痕深度为 200 μm。由于独特的表面参比技术，无须等待其达到热稳定状态，仪器开机立即可进行压痕测试，“快速点阵”压痕模式可实现高效率(每小时测试量可达 600 个压痕)。

为了研究含水率影响下围岩-锚固剂结构微观力学性质，结合前文宏观试验结果，需要分别对岩石部分以及锚固剂-岩石界面进行测试。基于此，分别在泥岩部分以及树脂-泥岩耦合区域布置测点，其中泥岩部分压痕点间距均为 100 μm，共布置 24 个测点，黏结面区域压痕点横向间距为 10 μm、纵向间距为 100 μm，共布置 36 个测点，如图 7-5 所示。

试验开始前，首先通过光学显微镜观测试件表面并选定待测区域，如图 7-6 所示。试验过程采用力加载方式控制，加载速率为 2.0×10^{-4} N/s，加载至设定峰值载荷(A 区域为 0.005 N，B 区域为 0.01 N，C 区域为 0.03 N)。加载至峰值载荷后，稳定 5 s 以消除蠕变效应，之后卸除载荷至 0(卸载速率与加载速率保持一致)。当一个压痕点完成测试后，系统以恒定方向模式继续进行下一个点的测试，根据已经建立好的关系式，即可得到每个测点的压痕模量和硬度。

7.2.3　电镜扫描方案

为了进一步研究水作用下围岩-锚固剂结构弱化失稳的微观作用机制，掌握不同含水率下围岩以及围岩-锚固剂黏结面微观结构变化，利用 Quanta 250 型扫描电子显微镜观测不同含水率下锚固泥岩试样微观结构特征。

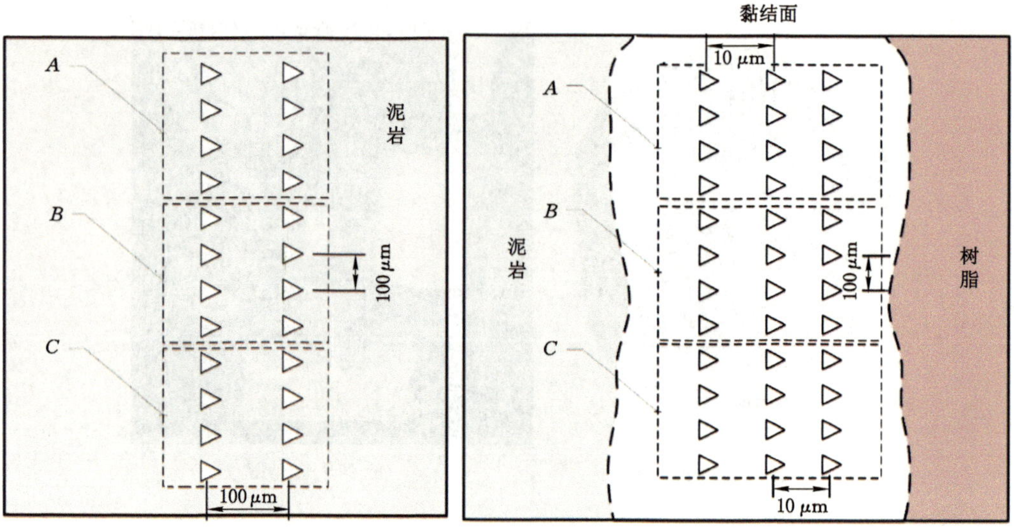

(a) 岩石区域测点布置　　(b) 黏结面区域测点布置

图 7-5　待测区域测点布置示意图

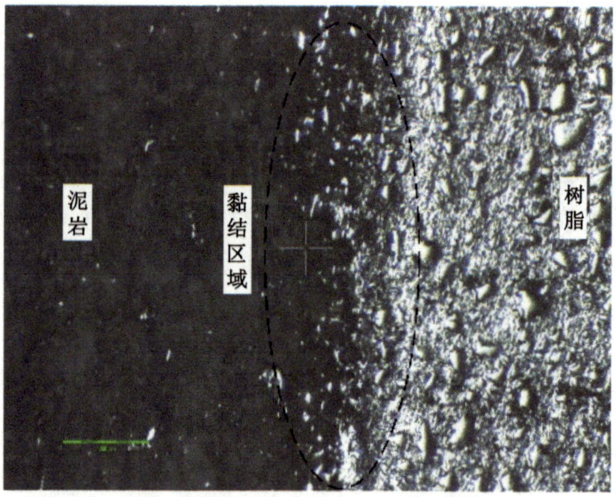

图 7-6　待测区域光学显微图像

7.3　泥岩锚固试样微观结构特征

围岩-锚固剂组合体是锚固单体中的重要组成部分，围岩的力学性能以及围岩-锚固剂界面的结构和黏结性能对锚固单体的承载性能十分关键。为进一步探讨水对围岩-锚固剂承载性能的弱化作用，采用 Quanta 250 型扫描电子显微镜，研究了不同含水率下泥岩锚固试样微观结构变化特征。

由图 7-7 至图 7-11 可知，不同含水率下界面和泥岩微观结构均表现出明显差异。如图 7-7 所示，含水率为 0 条件下，泥岩锚固试样微观结构完整性较好，泥岩与锚固剂分界面不明显，黏结面表现为一定宽度的黏结区域，且泥岩部分具有较好的完整性，未观察到明显的孔洞裂隙，结合图 5-9 可知，试件剪切破坏模式仅表现为Ⅰ型与Ⅱ型，且试件发生Ⅰ型破坏时锚固剂侧仅有少量残留泥岩。

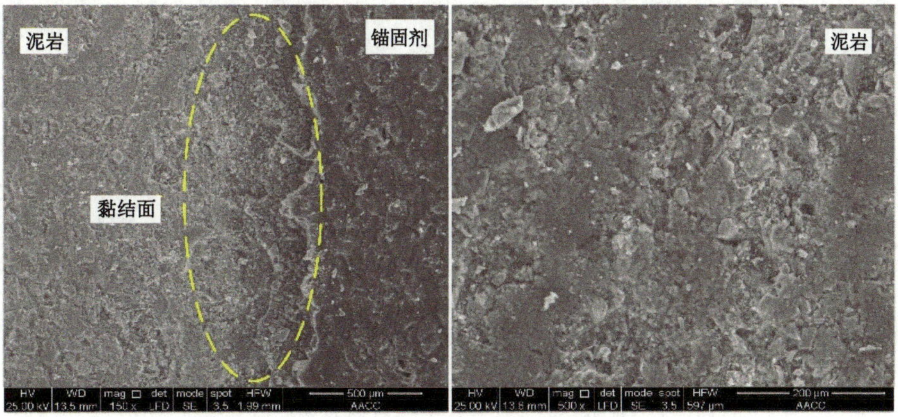

图 7-7　含水率为 0 条件下泥岩锚固试样微观特征

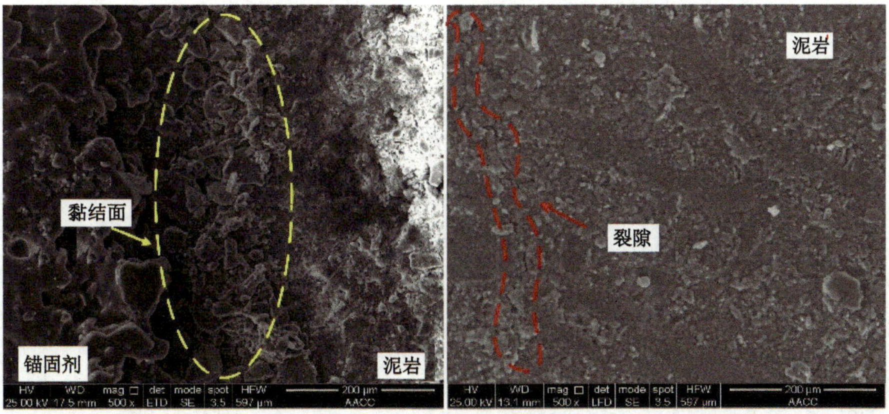

图 7-8　含水率为 3%条件下泥岩锚固试样微观特征

如图 7-8 所示，含水率为 3%条件下，可以发现随着含水率的增大，黏结区域锚固剂与泥岩间黏结效果发生劣化，黏结区域范围逐渐缩小并呈明显破碎状态。泥岩部分受水侵蚀，有微裂隙产生，因此试件破坏模式表现为Ⅰ与Ⅱ型，且仅在高法向应力条件下发生Ⅱ型破坏，发生Ⅰ型破坏时锚固剂侧黏附大量泥岩碎块。

如图 7-9 所示，含水率为 6%条件下，可以发现随着含水率的进一步增大，能明显观察到泥岩与锚固剂间分界面，且可以发现界面附近泥岩受水侵蚀出现溶蚀孔洞，完整性较差，从而导致泥岩与锚固剂间黏结效果发生劣化。泥岩部分水化损伤明显，出现大量溶蚀孔洞，且可以观察到许多岩石碎块，这是由于部分黏土矿物在水化作用下分散性增大并丧失胶结能力，而泥岩内部各矿物组分胶结类型包含碎屑颗粒间胶结、黏土颗粒间胶结、黏土颗粒与碎屑颗粒间胶结，因此部分矿物颗粒间发生脱黏并导致岩石强度降低，进而导致泥岩锚固试样在低法向应力条件下发生Ⅲ型破坏。

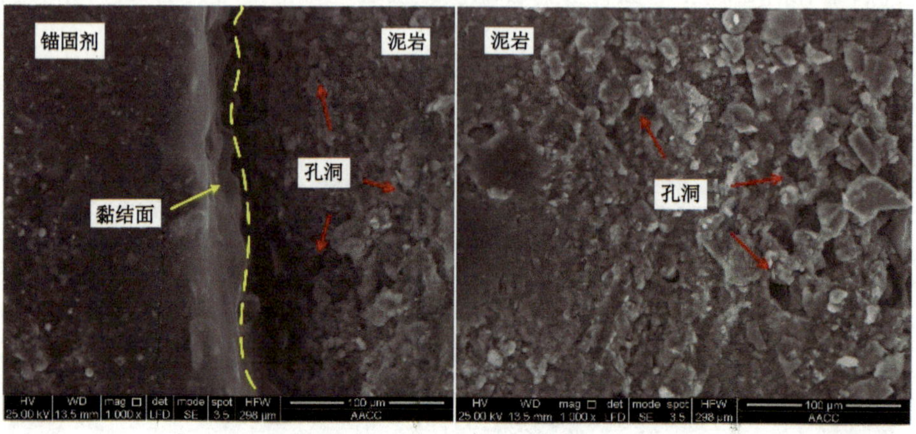

图 7-9　含水率为 6%条件下泥岩锚固试样微观特征

由图 7-10 可以发现，当含水率为 9%时，泥岩破碎程度加剧，界面附近泥岩呈碎块状。泥岩内部出现大量溶蚀孔洞及粒间裂隙，泥岩内部矿物颗粒间、泥岩-锚固剂间黏结强度在水化作用下迅速降低，从而导致试样宏观破坏模式表现为Ⅰ型与Ⅲ型，且仅在高应力条件下发生Ⅰ型破坏。

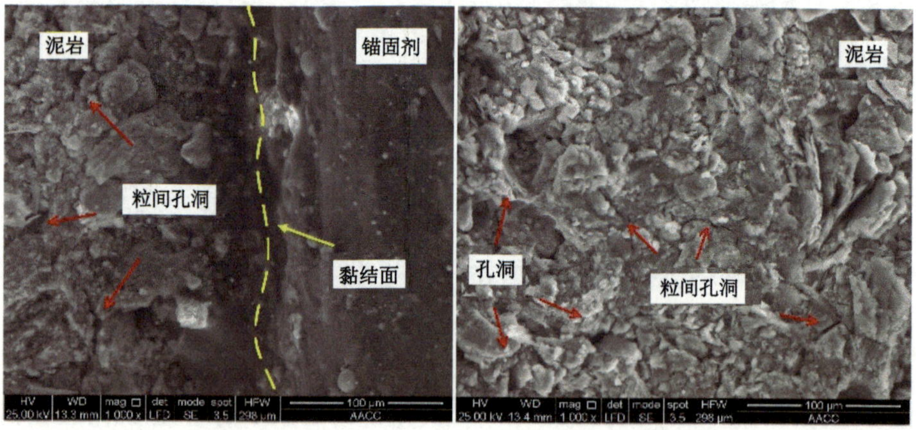

图 7-10　含水率为 9%条件下泥岩锚固试样微观特征

当达到饱和含水率时，受泥岩内部渗出自由水以及泥岩表面泥化颗粒影响，岩石-锚固剂黏结面已丧失黏结能力。由图 7-11 可知，泥岩表面有大量脱黏的矿物颗粒，加上自由水的影响，锚固剂与泥岩无法有效黏合而发生脱黏。

综上所述，如图 7-12 所示，不同含水率下岩石-锚固剂界面微观特征主要表现为以下四种形式：泥岩表面岩石颗粒与锚固剂耦合效果较好，形成一定宽度的黏结区域；黏结区域范围缩小并呈破碎状态；岩石与锚固剂分界面明显，锚固剂与泥岩表面破碎岩石颗粒黏结在一起；界面脱黏，泥岩表面岩石颗粒间脱黏崩散。

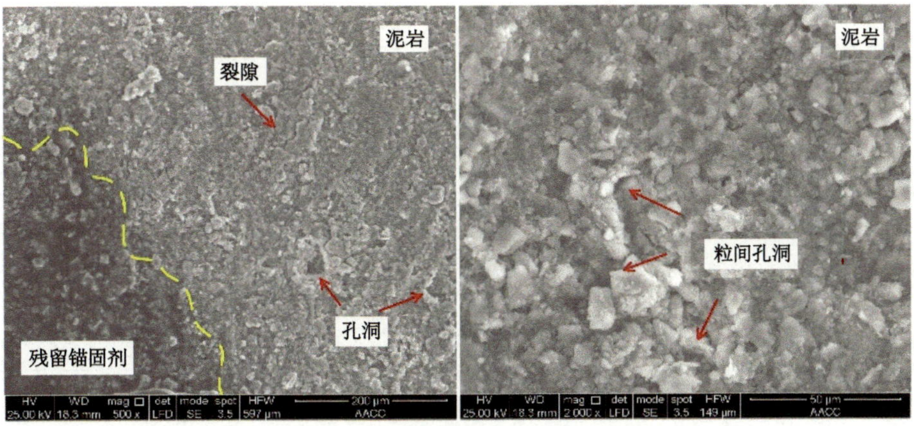

图 7-11　饱和含水率下泥岩锚固试样微观特征

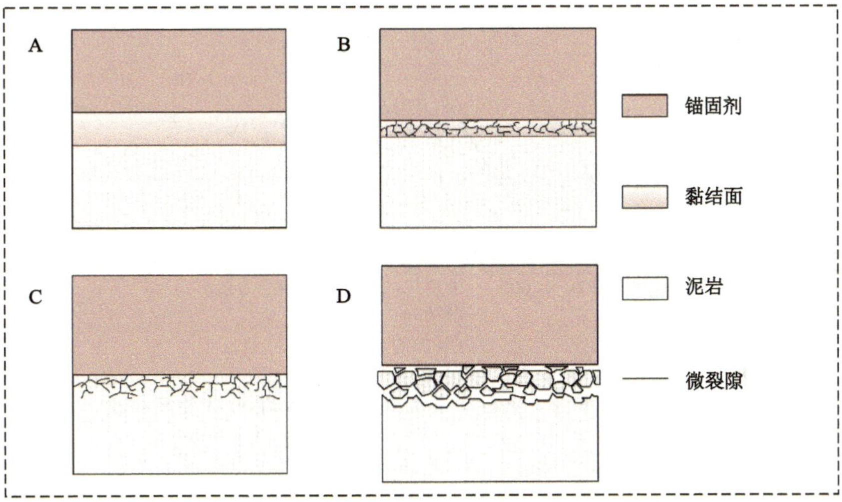

图 7-12　界面微观结构特征演化规律

7.4　泥岩锚固试样微观力学性质

7.4.1　不同含水率下泥岩-锚固剂界面微观力学特性

(1) 载荷-位移曲线

为了研究不同含水率影响下岩石-锚固剂黏结面微观力学特性，本节针对含水率为 0～11.83%条件下泥岩-树脂界面进行了纳米压痕试验，图 7-13 至图 7-17 分别为 5 种含水率下泥岩锚固试样的泥岩-树脂黏结区域测得的纳米压痕载荷-位移关系曲线。每条加卸载曲线表示黏结区域表面各测点的变形行为。

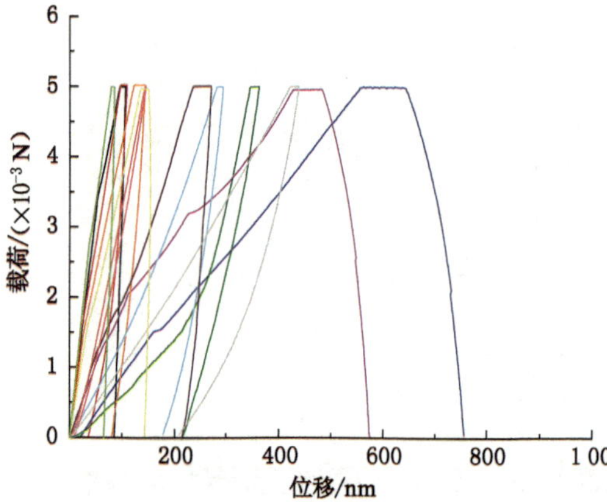

（a）0.005 N

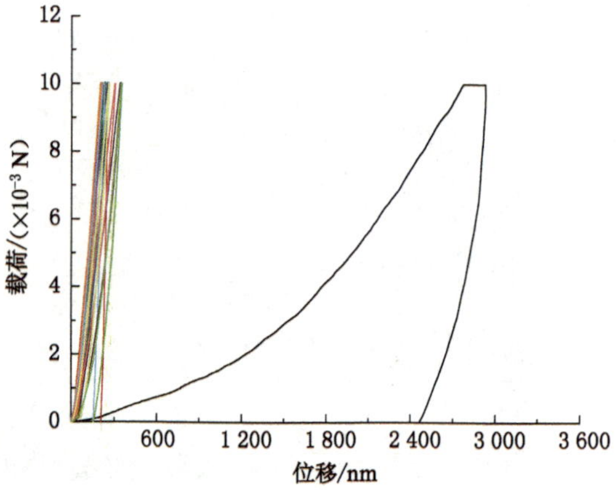

（b）0.01 N

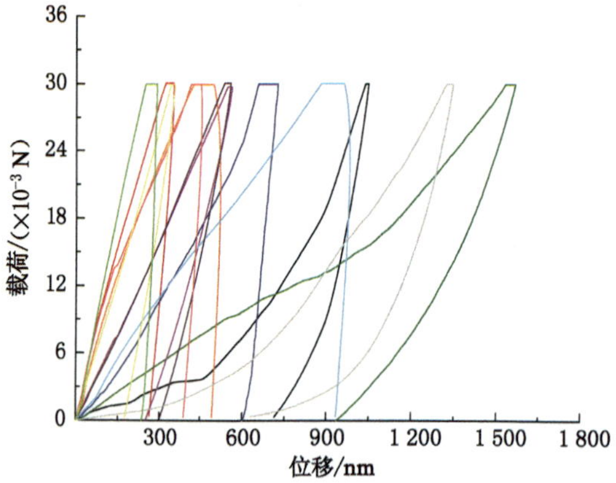

（c）0.03 N

图 7-13　含水率为 0 条件下界面纳米压痕载荷-位移关系曲线

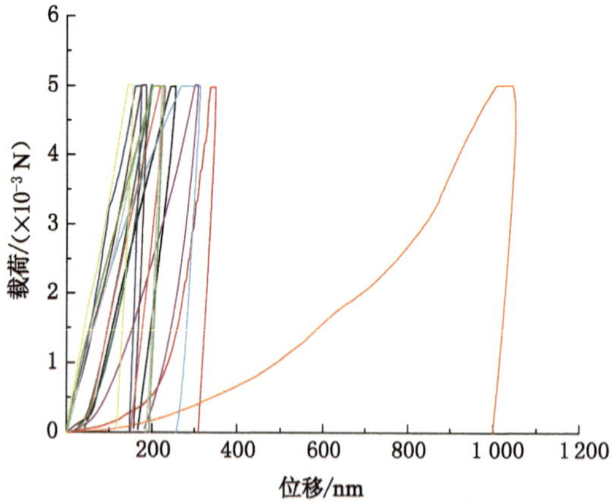

（a）0.005 N

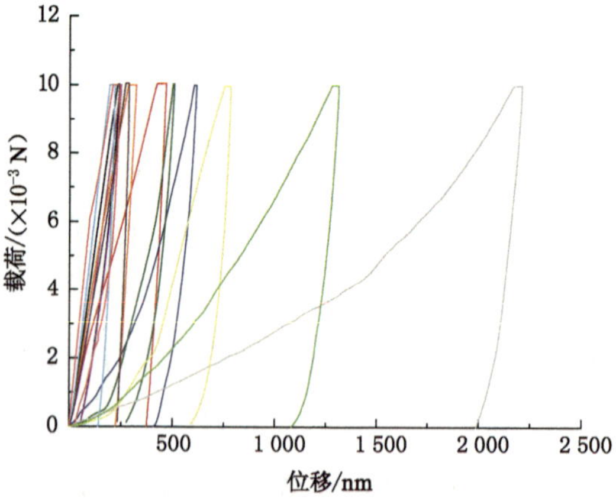

（b）0.01 N

图 7-14　含水率为 3%条件下界面纳米压痕载荷-位移关系曲线

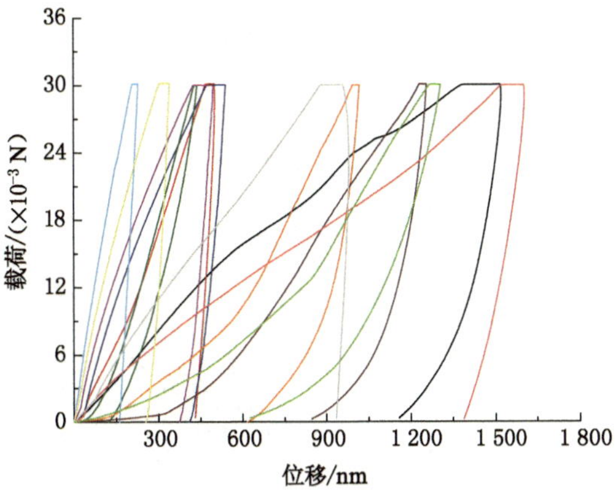

(c) 0.03 N

图 7-14(续)

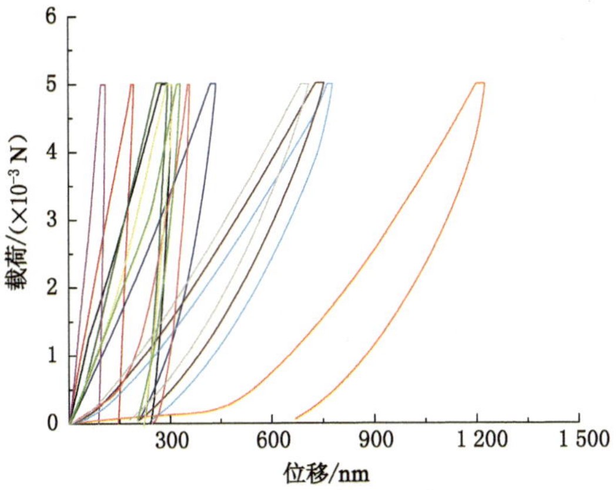

(a) 0.005 N

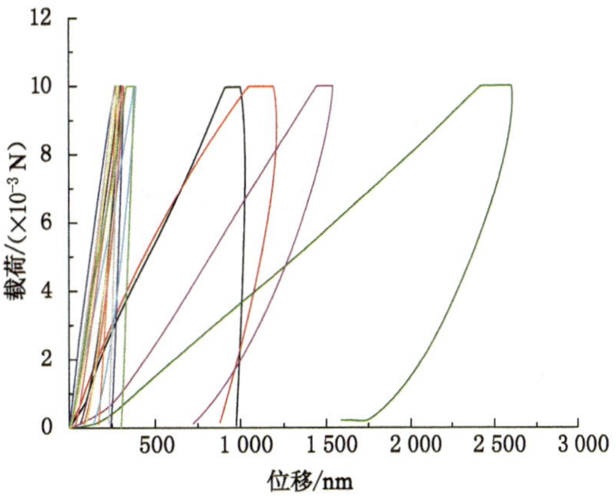

(b) 0.01 N

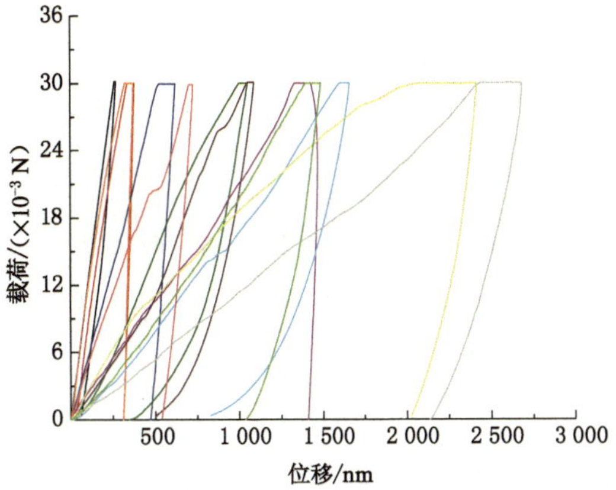

(c) 0.03 N

图 7-15　含水率为 6%条件下界面纳米压痕载荷-位移关系曲线

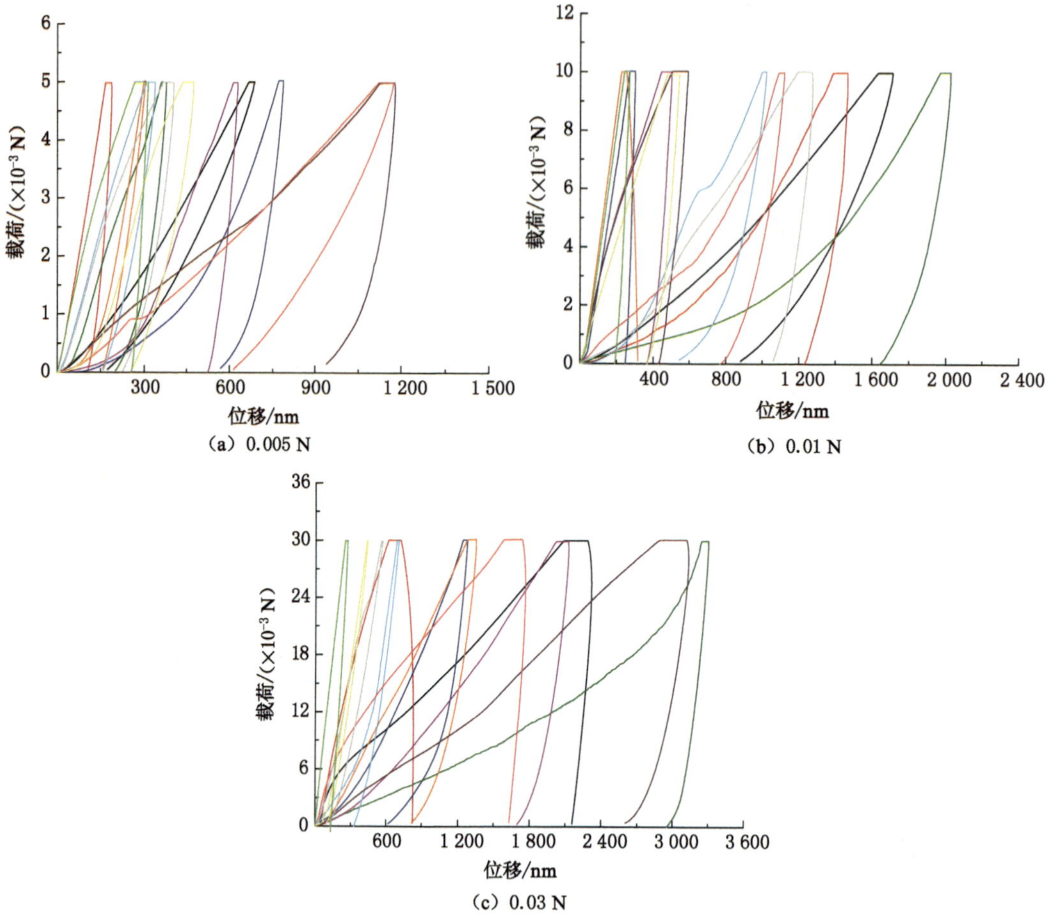

(a) 0.005 N　　(b) 0.01 N

(c) 0.03 N

图 7-16　含水率为 9%条件下界面纳米压痕载荷-位移关系曲线

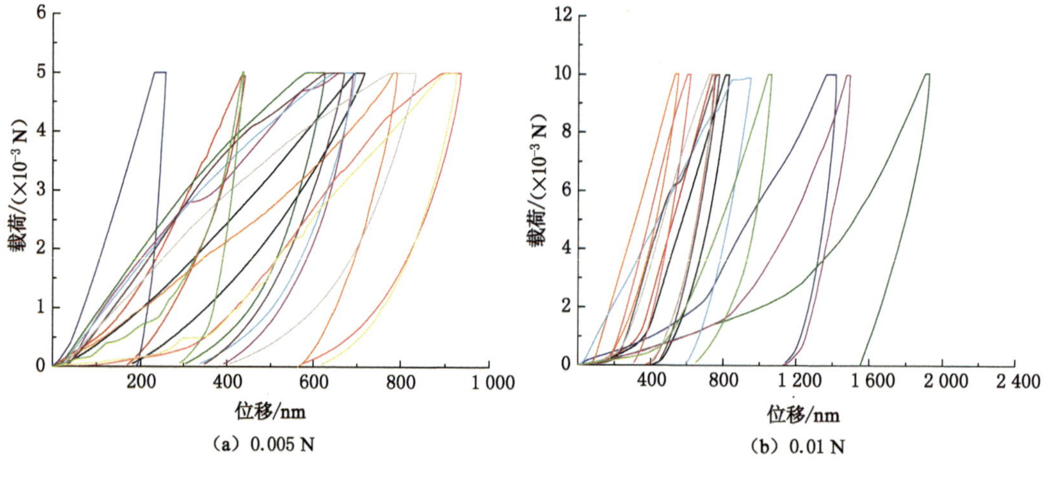

(a) 0.005 N　　(b) 0.01 N

图 7-17　饱和含水率条件下界面纳米压痕载荷-位移关系曲线

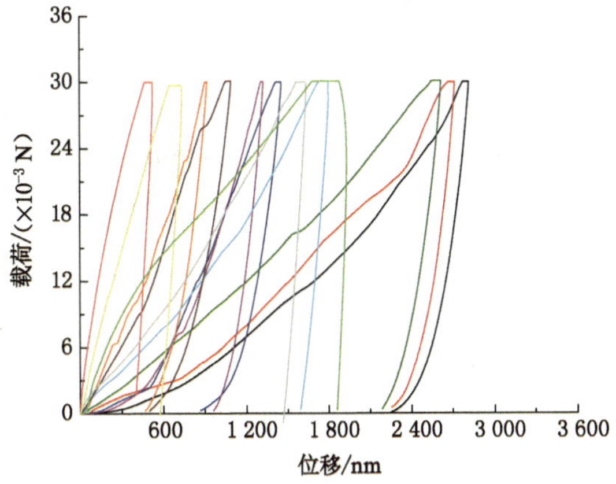

(c) 0.03 N

图 7-17(续)

相同条件下,如果压痕测试是在相对坚硬、强度较高的材料上进行的,则峰值压痕深度、卸载后压痕深度均较小。相反,若是在相对软弱或存在微裂隙的区域进行测试,则所得峰值压痕深度、卸载后压痕深度均较大。泥岩锚固试样黏结区域为泥岩-树脂耦合形成,且泥岩由内部各矿物组分胶结构成,不同成分力学性质会有差异,故所得载荷-位移曲线表现出一定的离散性。结合图 7-18 可以发现,在相同峰值载荷条件下,试样平均峰值压痕深度、平均卸载后压痕深度均随着含水率的增大而增大。峰值载荷为 0.005 N 条件下,随着含水率的增大,平均峰值压痕深度增加了 13.27%～148.09%,平均卸载后压痕深度增加了 13.48%～71.03%;0.01 N 条件下,平均峰值压痕深度增加了 27.18%～120.09%,平均卸载后压痕深度增加了 60.97%～141.18%;0.03 N 条件下,平均峰值压痕深度增加了 17.21%～124.02%,平均卸载后压痕深度增加了 23.48%～159.3%。结合前文电镜扫描试验结果可知,随着含水率的增大,黏结区域逐渐变松散破碎并发生软化,泥岩与树脂间黏结能力逐渐丧失,从而导致压痕深度不断增大。

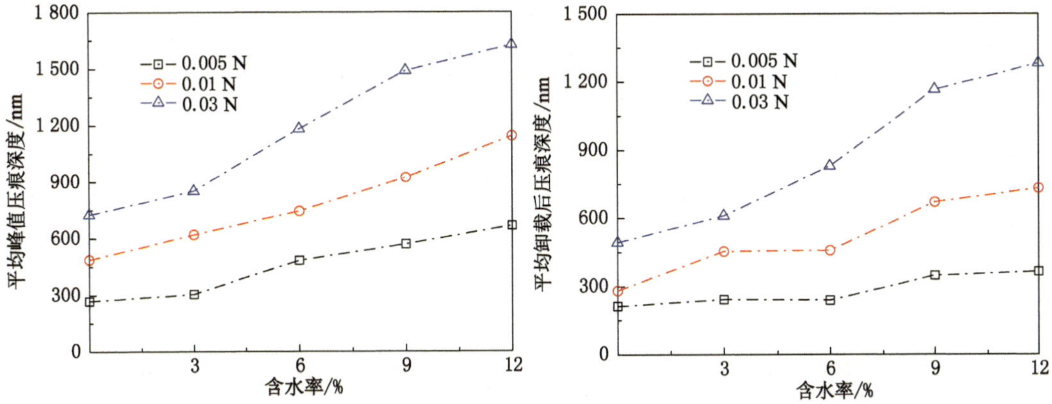

(a) 平均峰值压痕深度　(b) 平均卸载后压痕深度

图 7-18　不同含水率下平均压痕深度变化规律曲线

(2) 界面微观力学特性与含水率的关系

图 7-19 为不同峰值载荷下界面微观力学参数与含水率关系箱形图,图中包括力学参数的最大值、最小值、中位数及上下四分位数。由于界面由泥岩(不同矿物组分)、树脂组成,各成分力学性质存在差异,可以发现在相同含水率下得到的界面硬度及弹性模量存在明显的离散性。对比不同峰值载荷下力学参数可以发现,界面的硬度和弹性模量与峰值载荷没有明显关系。

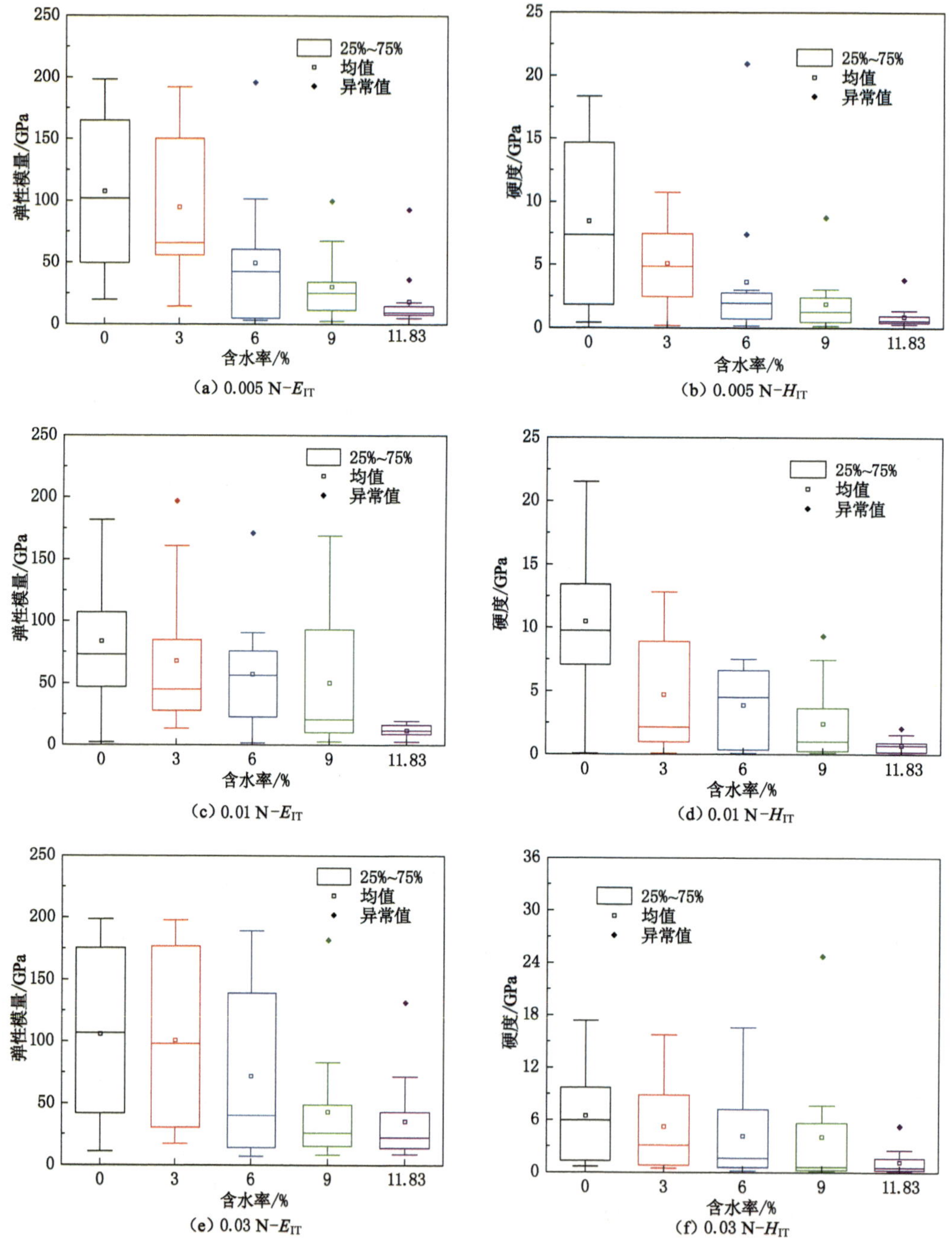

(a) 0.005 N-E_{IT}
(b) 0.005 N-H_{IT}
(c) 0.01 N-E_{IT}
(d) 0.01 N-H_{IT}
(e) 0.03 N-E_{IT}
(f) 0.03 N-H_{IT}

图 7-19 不同峰值载荷下界面微观力学参数与含水率关系

含水率为 0 条件下，界面弹性模量及硬度变化范围为 2.421～198.667 GPa、0.051～21.488 GPa，其中力学参数最低点产生的原因可能是该位置泥岩与树脂未充分胶结。含水率为 0、3%、6%、9%和饱和含水率条件下，界面平均弹性模量为 99.16 GPa、88.05 GPa、59.58 GPa、41.29 GPa、21.86 GPa，平均硬度为 8.46 GPa、5.02 GPa、3.9 GPa、2.8 GPa、0.94 GPa。可以发现，随着含水率的增大，平均弹性模量降低了 11.2%～77.95%，平均硬度降低了 40.66%～88.89%，微观力学参数不断弱化，水化损伤效果明显。且由图 7-19 可知，含水率为 0 时所得试样力学参数离散性最高，而随着含水率的增大所得数据离散性逐渐降低。这主要是由于在低含水率下，界面内各组分间胶结效果较好，各岩石矿物未受水侵蚀，其力学性能完好，各组分间力学性质差异较大，如石英强度远高于树脂以及高岭石等黏土矿物，故数据离散性较大；而随着含水率的增大，在水化作用下高岭石、蒙脱石等黏土矿物发生膨胀扩散，其力学性能急剧弱化，导致各岩石矿物间胶结能力逐渐丧失，且受水影响泥岩与树脂间黏结能力发生劣化，黏结区域内岩石-树脂耦合体逐渐呈破碎状态，整体力学性能均弱化，故数据离散性变小。

图 7-20、图 7-21 分别为不同含水率下界面弹性模量 E_{IT} 与硬度 H_{IT} 分布云图。由图 7-20 和图 7-21 可知，含水率为 0 条件下，E_{IT} 与 H_{IT} 分布情况反映了界面在微观尺度上为非均质的特点，界面由不同组分胶结而成，各组分间强度存在明显差异，可以发现此时各岩石矿物及树脂间能有效黏结，界面力学性质完好。而当含水率达到 3%～6%时，界面内部出现弱化区域，界面内黏土矿物受水侵蚀发生软化，进而影响到树脂与岩石间的黏结效果，这与电镜扫描观察到的界面出现大量溶蚀孔洞及裂隙的现象是吻合的。而当含水率达到 9%～饱和含水率时，黏土矿物在水化作用下软化扩散，各矿物颗粒间胶结能力丧失，而树脂与岩石间黏结能力受岩石颗粒崩解及自由水影响迅速丧失，从而导致界面力学性能整体发生劣化。

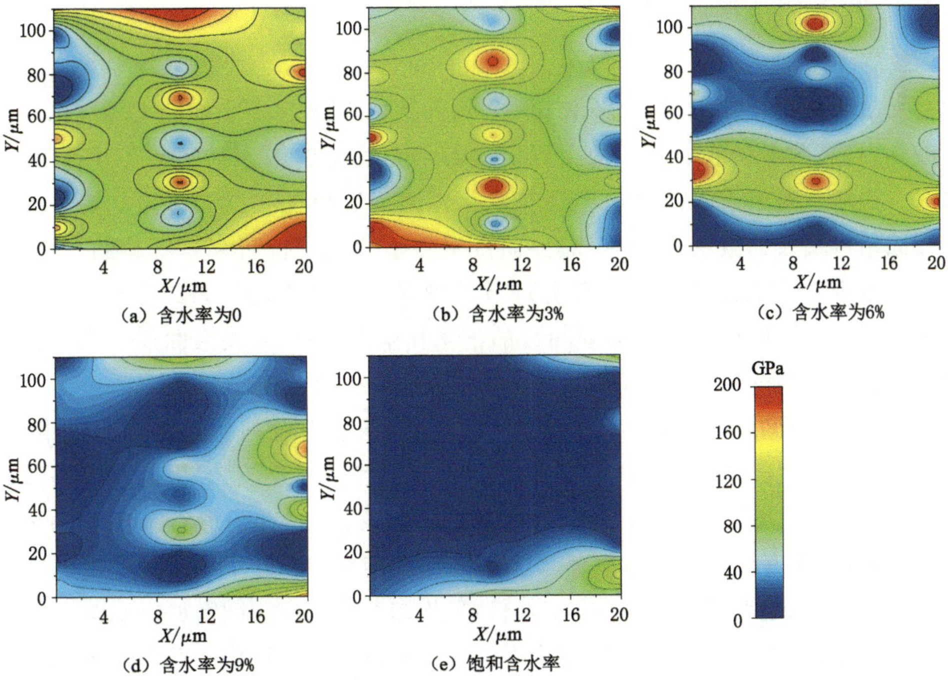

图 7-20　不同含水率下界面弹性模量 E_{IT} 分布云图

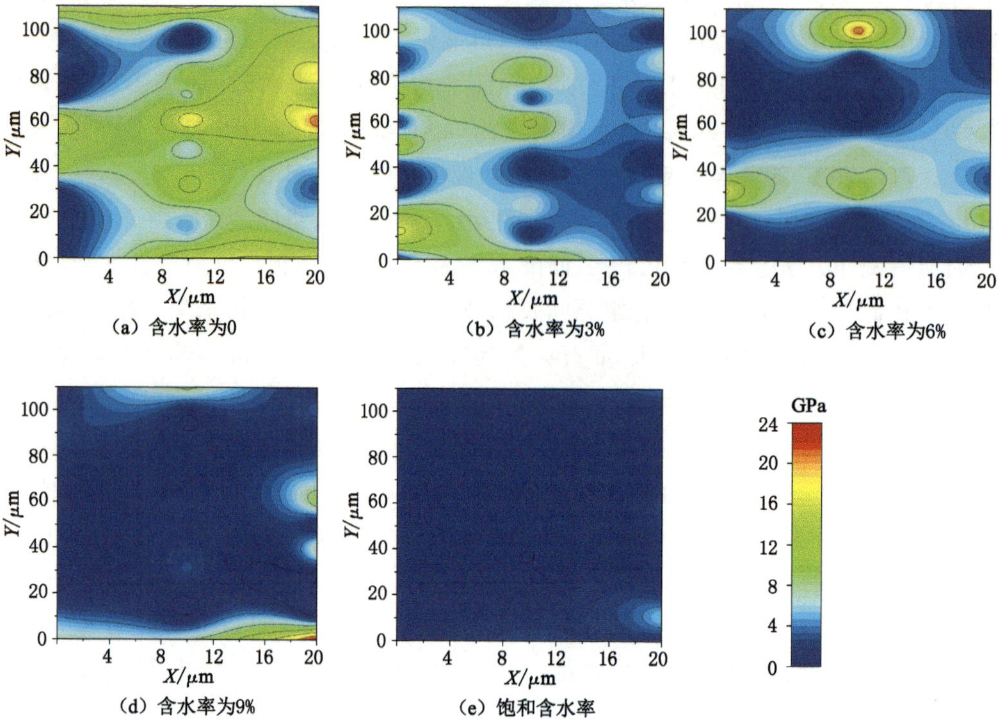

图 7-21　不同含水率下界面硬度 H_{IT} 分布云图

7.4.2　不同含水率下泥岩微观力学特性

（1）载荷-位移曲线

由前文试验结果可知，不同含水率下泥岩锚固结构主要沿岩石-锚固剂界面以及岩石部分发生破坏，且高含水率下锚固结构主要沿岩石部分发生破坏。而现有研究表明，泥质软岩遇水弱化崩解主要由于内部黏土矿物在水化作用下发生迁移、扩散，因此要掌握水作用下泥岩锚固结构失效的微观机制，仅对界面微观力学性质进行研究是不够的。基于此，本节针对含水率为 0～9%条件下泥岩部分进行了纳米压痕试验，图 7-22 至图 7-25 分别为 4 种含水率下泥岩锚固试样在泥岩部分测得的纳米压痕载荷-位移关系曲线。由于饱和含水率下泥岩部分泥化崩解现象严重，已无法获取有效纳米压痕数据。

由 XRD 结果可知，泥岩由石英、钾长石、方解石、蒙脱石及高岭石等矿物胶结组成，石英及钾长石强度远大于方解石、高岭石，不同矿物力学性质相差较大，因此压痕曲线表现出明显的离散性。结合图 7-26 可以发现，泥岩部分平均压痕深度变化规律表现出与界面相同的趋势，平均压痕深度随含水率增大而增大。峰值载荷为 0.005 N 条件下，随着含水率的增大，平均峰值压痕深度增加了 3.69～7.93 倍，平均卸载后压痕深度增加了 6.53～16.22 倍；0.01 N 条件下，平均峰值压痕深度增加了 29.82%～98.29%，平均卸载后压痕深度增加了 52.25%～123.97%；0.03 N 条件下，平均峰值压痕深度增加了 70.11%～230.15%，平均

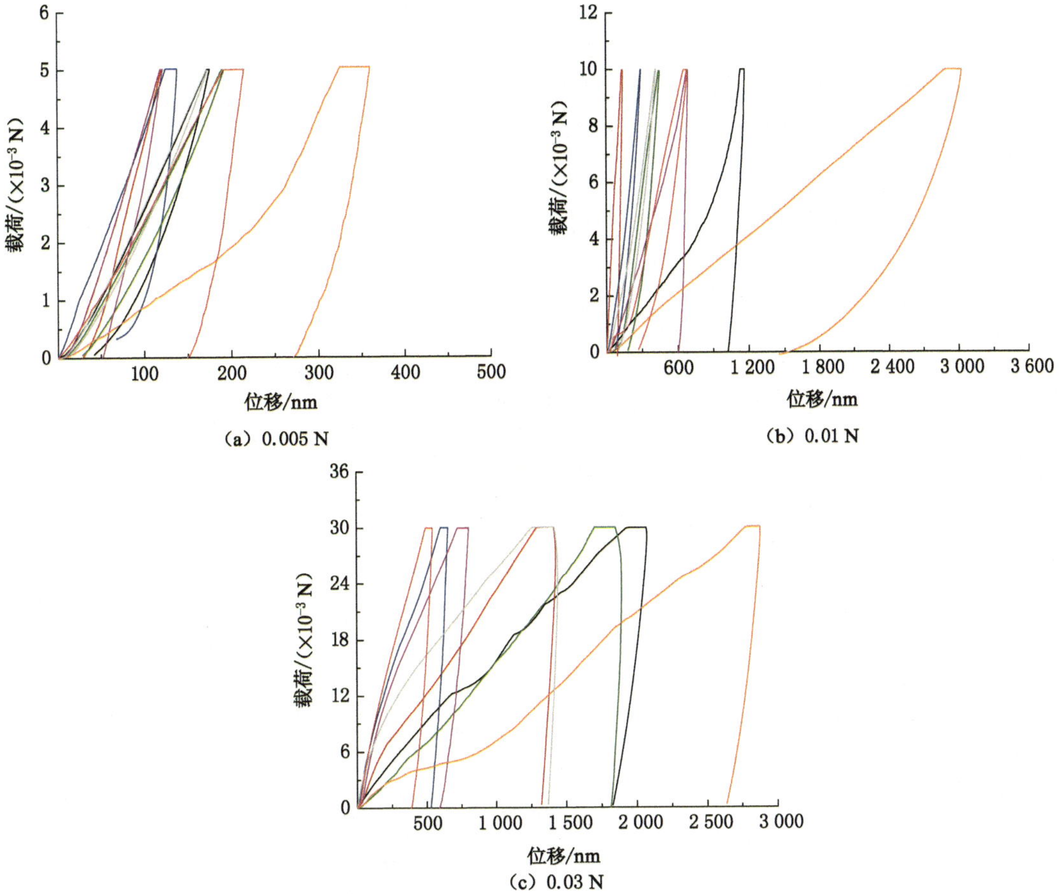

图 7-22　含水率为 0 条件下泥岩纳米压痕载荷-位移关系曲线

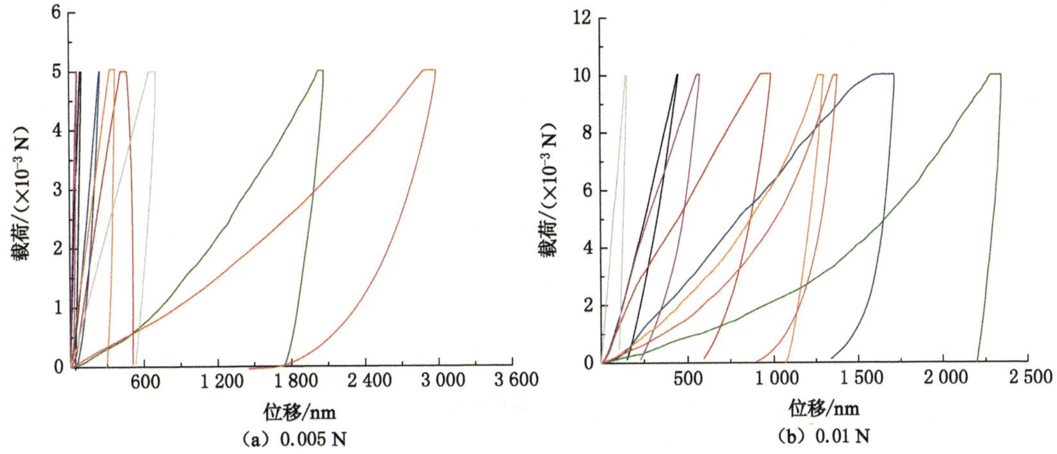

图 7-23　含水率为 3%条件下泥岩纳米压痕载荷-位移关系曲线

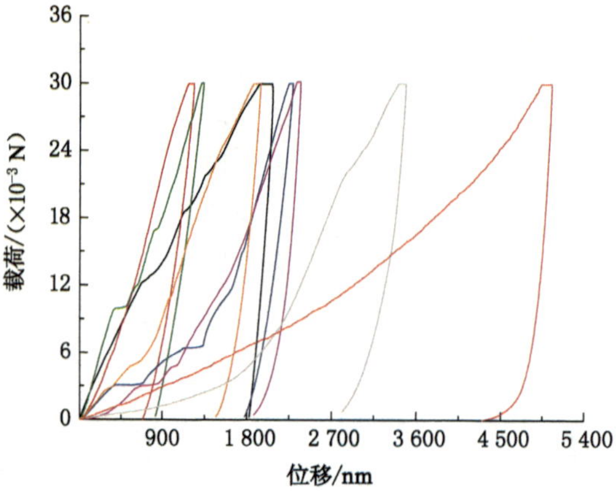

(c) 0.03 N

图 7-23(续)

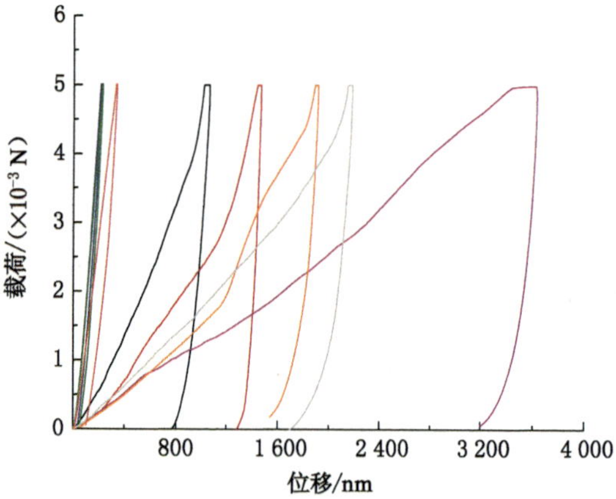

(a) 0.005 N

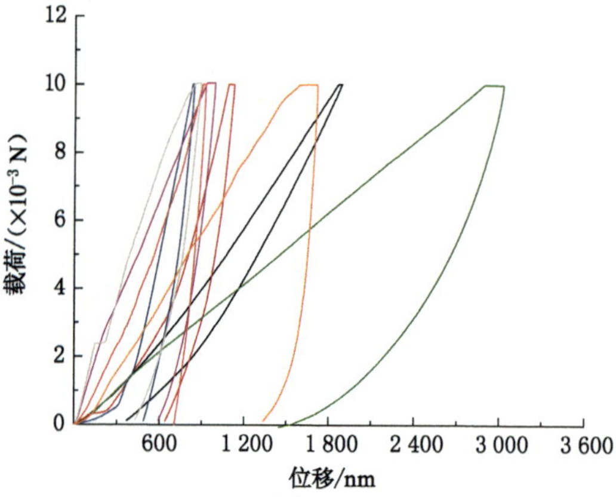

(b) 0.01 N

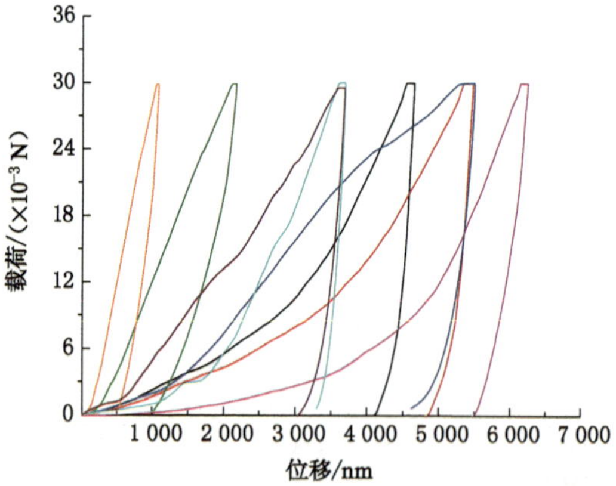

(c) 0.03 N

图 7-24　含水率为 6%条件下泥岩纳米压痕载荷-位移关系曲线

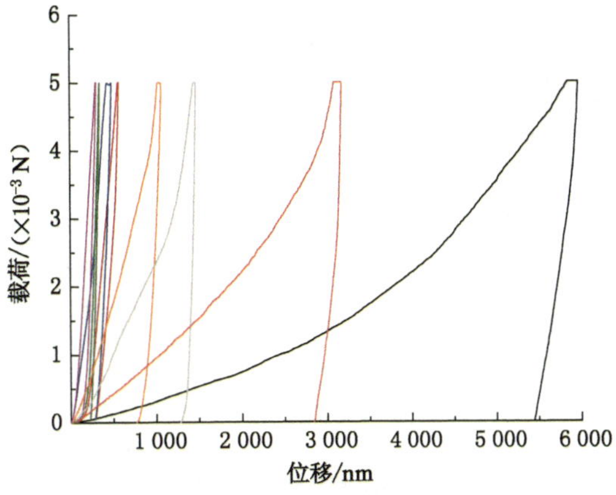

(a) 0.005 N

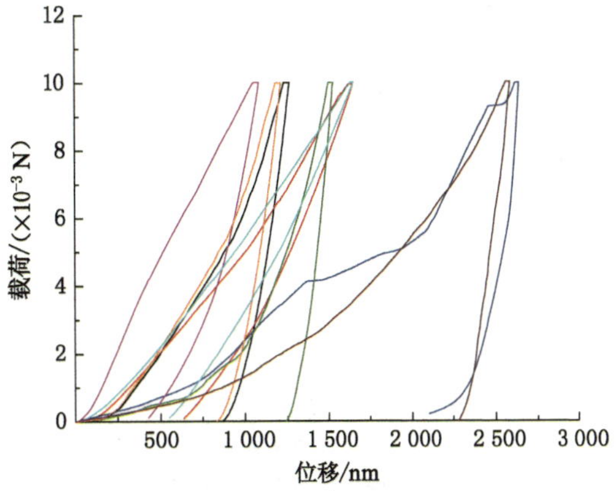

(b) 0.01 N

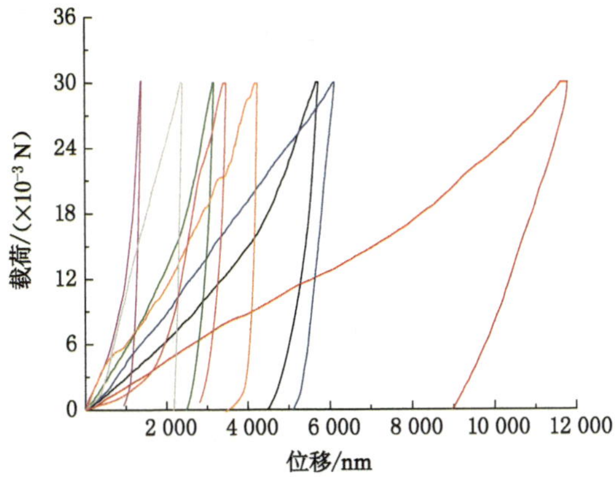

(c) 0.03 N

图 7-25　含水率为 9%条件下泥岩纳米压痕载荷-位移关系曲线

卸载后压痕深度增加了 49.01%～191.21%。而在饱和含水率下，峰值载荷为 0.005 N、0.01 N 和 0.03 N 时，泥岩平均峰值压痕深度分别为 38 825 nm、37 662.5 nm、37 375 nm，平均卸载后压痕深度分别为 5 137.5 nm、8 100 nm、15 750 nm，此时泥岩在微观尺度上松散破碎，其力学性能已几乎完全丧失。

(2) 泥岩微观力学特性与含水率的关系

图 7-27 为不同峰值载荷下泥岩微观力学参数与含水率关系箱形图。与界面压痕测试所得结果相似，可以发现在相同含水率下得到的泥岩硬度及弹性模量存在明显的离散性，试验结果表明了泥岩在微观尺度上的非均质性。对比不同峰值载荷下力学参数可以发现，泥岩的硬度和弹性模量与峰值载荷没有明显的关系。

含水率为 0 条件下，泥岩弹性模量及硬度变化范围为 1～198.736 GPa、0.155～29.901 GPa，其中力学参数最低点产生的原因可能是该位置存在微裂隙等原生缺陷。含水率为0、3%、6%、9%条件下，泥岩平均弹性模量为 61.93 GPa、42.27 GPa、15.86 GPa、11.68 GPa，平均硬度为 6.46 GPa、3.36 GPa、1.38 GPa、0.76 GPa；当达到饱和含水率时，由于泥岩发生泥化崩解，其微观力学性能已几乎完全丧失。可以发现，随着含水率的增大，平均弹性模量降低了

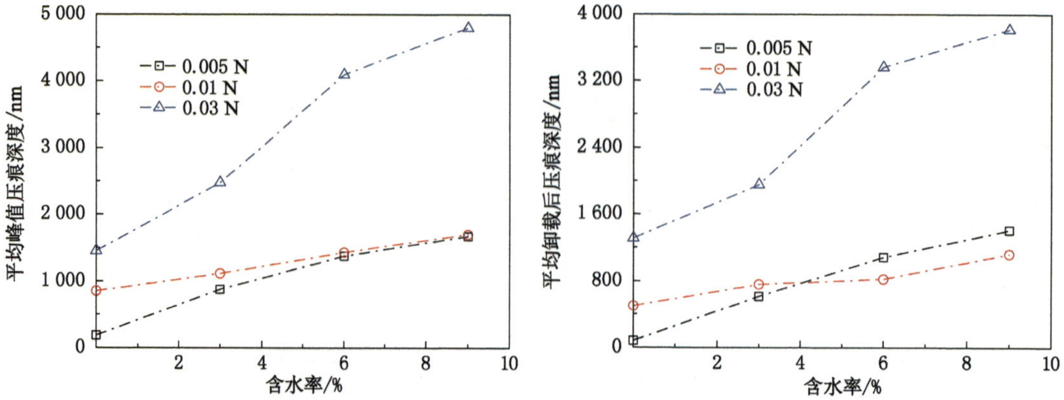

（a）平均峰值压痕深度　　（b）平均卸载后压痕深度

图 7-26　不同含水率下平均压痕深度变化规律曲线

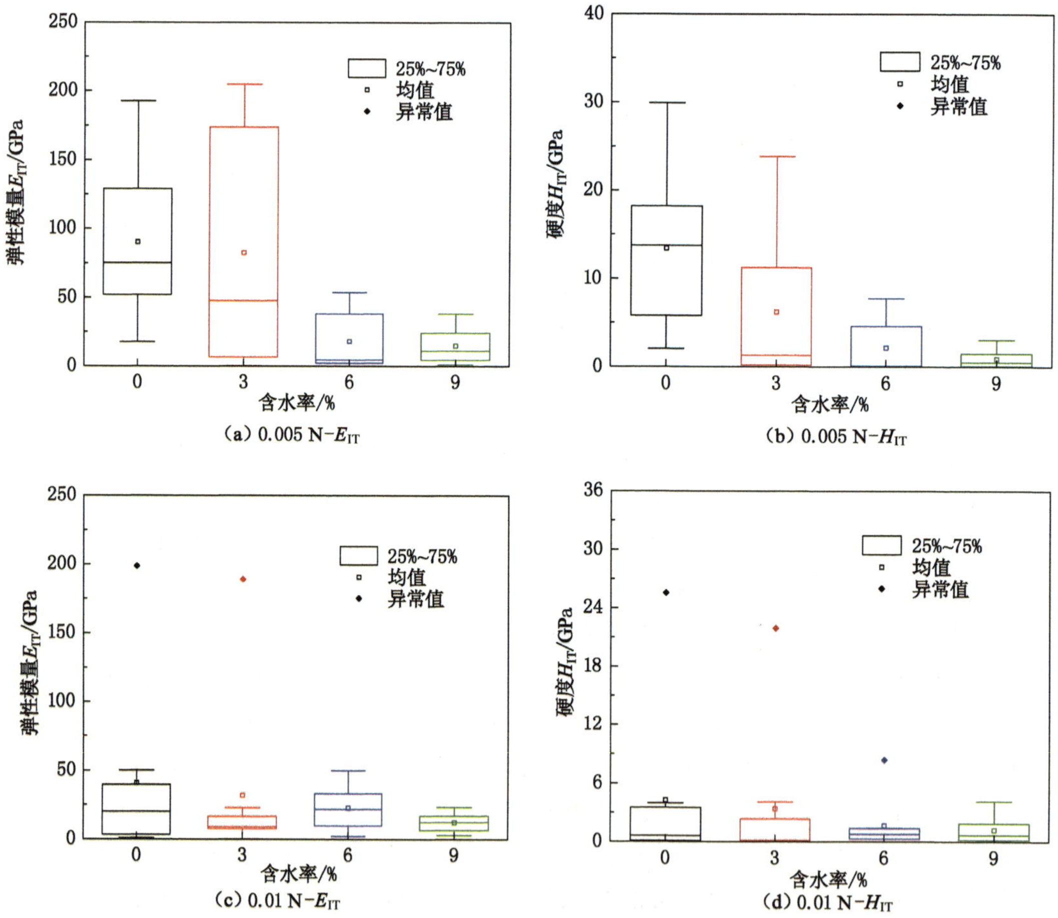

（a）0.005 N-E_{IT}　　（b）0.005 N-H_{IT}

（c）0.01 N-E_{IT}　　（d）0.01 N-H_{IT}

图 7-27　不同峰值载荷下泥岩微观力学参数与含水率关系

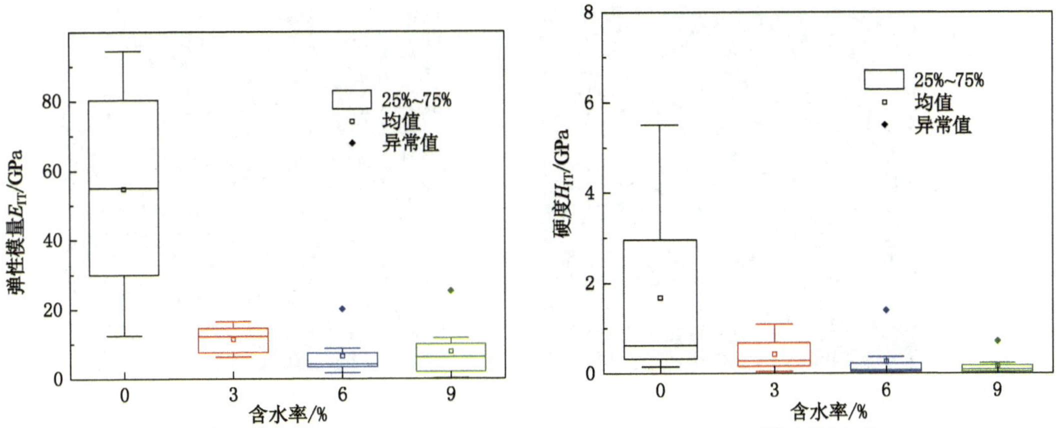

(e) 0.03 N-E_{IT}　　(f) 0.03 N-H_{IT}

图 7-27(续)

31.75%～100%，平均硬度降低了 47.99%～100%，微观力学参数不断弱化，水化损伤效果明显。且由图 7-27 可知，泥岩部分所得压痕数据表现出与界面相同趋势，所得数据离散性随含水率增大不断降低，这表明泥岩受水化作用影响，其内部各矿物间胶结能力逐渐丧失，最终发生宏观崩解。

图 7-28 和图 7-29 分别为不同含水率下泥岩弹性模量 E_{IT} 与硬度 H_{IT} 分布云图。由图 7-28 和图 7-29 可知，含水率为 0 条件下，E_{IT} 与 H_{IT} 分布情况反映了界面在微观尺度上为非均质的特点，且二者分布云图表现为相同的趋势，E_{IT} 较高的位置对应着较高的 H_{IT}。而随着含水率的增大，泥岩微观力学性能迅速弱化，由图 7-28 和图 7-29 可知，测试区域内 E_{IT} 与 H_{IT} 大幅下降。这与电镜扫描观察到的泥岩部分出现大量溶蚀孔洞、粒间裂隙及片状碎裂的现象相吻合。泥岩内部水化损伤随着含水率增大不断加剧，且泥岩内部原生孔洞裂隙在水化作用下进一步发育扩展，最终导致泥岩丧失承载能力。

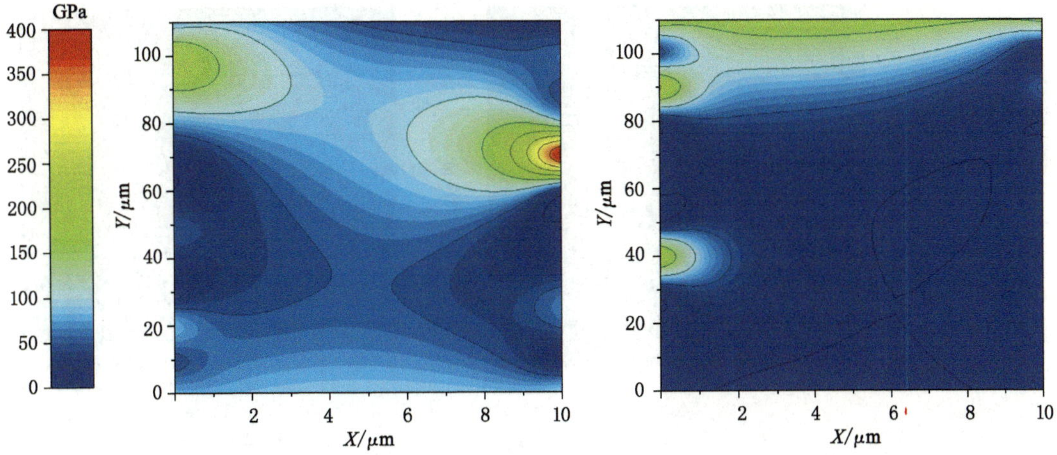

(a) 含水率为0　　(b) 含水率为3%

图 7-28　不同含水率下泥岩弹性模量 E_{IT} 分布云图

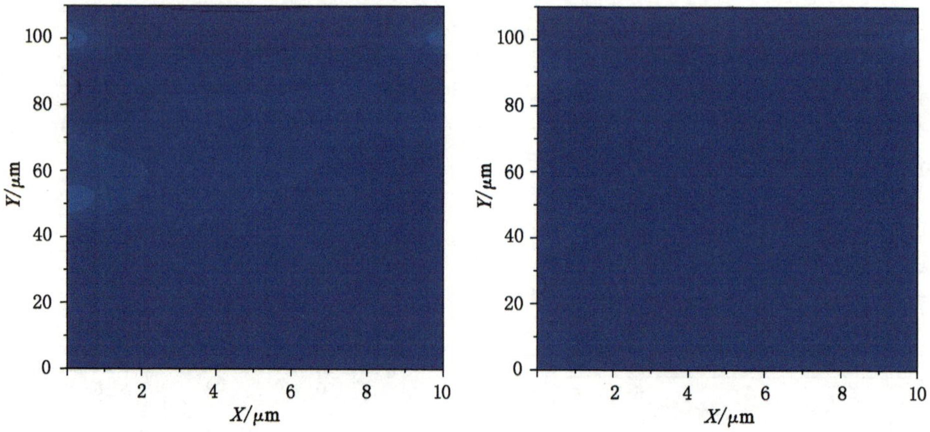

(c) 含水率为6%　　(d) 含水率为9%

图 7-28(续)

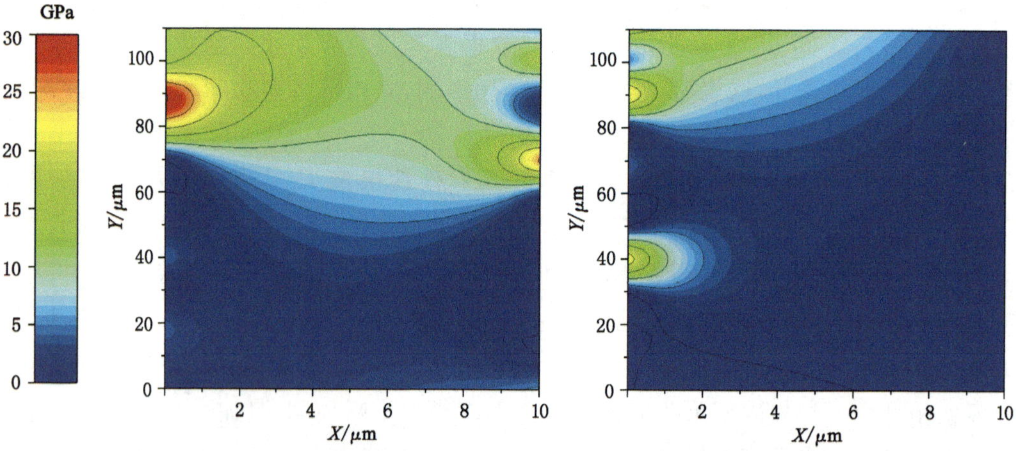

(a) 含水率为0　　(b) 含水率为3%

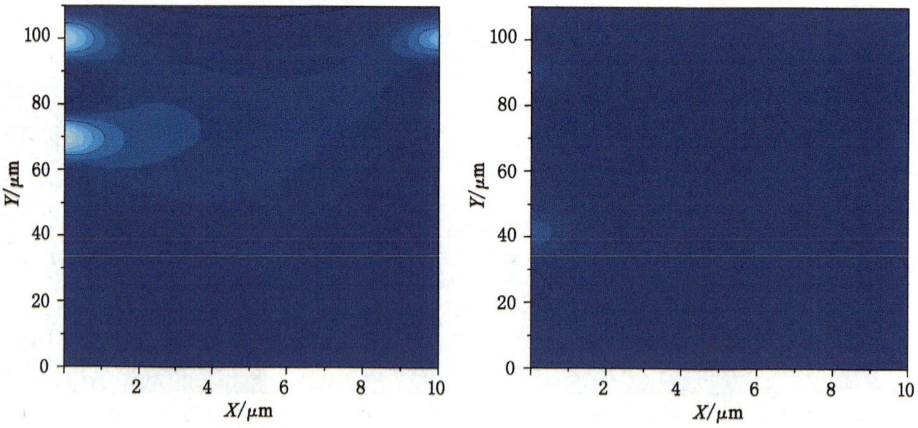

(c) 含水率为6%　　(d) 含水率为9%

图 7-29　不同含水率下泥岩硬度 H_{IT} 分布云图

7.5　围岩-锚固剂结构失效微观机制

根据界面及泥岩部分纳米压痕测试结果可以发现，在干燥条件下，泥岩部分所得数据离散性高于界面部分。其中含水率为 0 条件下界面最大 E_{IT} 与 H_{IT} 分别为 198.667 GPa、18.56 GPa，泥岩部分最大 E_{IT} 与 H_{IT} 分别为 198.74 GPa、29.9 GPa，但泥岩部分平均 E_{IT} 与 H_{IT} 均小于界面部分，泥岩微结构强度明显弱于界面部分。且随着含水率的增大，泥岩部分微观力学参数衰减幅度明显高于界面部分。

为进一步分析水作用下围岩-锚固剂结构失效微观机制，绘制了干燥条件下界面及泥岩弹性模量 E_{IT} 频率分布图，对比分析界面及泥岩微观力学特点。如图 7-30(a)所示，其中 0～20 GPa 范围内 E_{IT} 占较高比例，该部分主要代表了高岭石、蒙脱石等黏土矿物以及部分微孔隙，这表明泥岩部分力学性能以及各矿物间的胶结能力主要受黏土矿物制约。而界面部分则由环氧树脂以及各岩石矿物胶结组成，由图 7-30(b)可知，界面相对泥岩部分更加均质，这主要是由于环氧树脂填充了泥岩表面微孔隙并与各岩石矿物相黏结，界面内泥岩被进一步加固。其中，界面部分 40～60 GPa、180～200 GPa 范围内 E_{IT} 占较高比例，这表明岩石-锚固界面中锚固剂的黏结作用会弱化黏土矿物对界面力学性能的影响，因此随含水率变化界面力学性能劣化程度小于泥岩部分。

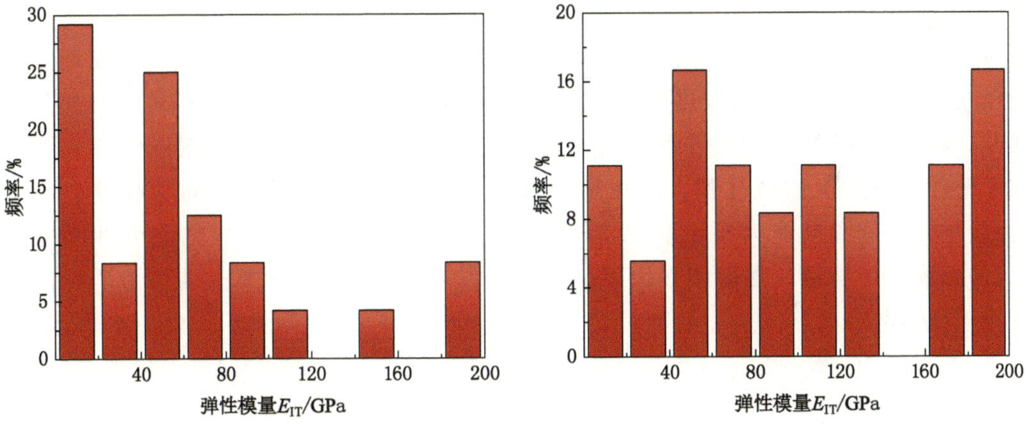

(a) 泥岩　　(b) 界面

图 7-30　干燥条件下界面及泥岩弹性模量 E_{IT} 频率分布图

泥岩内部矿物组分胶结以黏土颗粒胶结、黏土颗粒与碎屑颗粒间胶结为主，并包含部分碎屑颗粒胶结，而黏土颗粒吸水性强，遇水后分散性会增强并发生软化。由图 7-31 可知，随着含水率增大，黏土颗粒胶结结构在水化损伤作用下出现大量裂隙孔洞，黏土颗粒与碎屑颗粒间胶结能力发生弱化。结合前文试验结果可知，随着水化作用的加剧，泥岩内部主要胶结结构崩解失效，而微观结构间的胶结失效导致泥岩力学性能的快速劣化，最终发生泥化及宏观破坏。

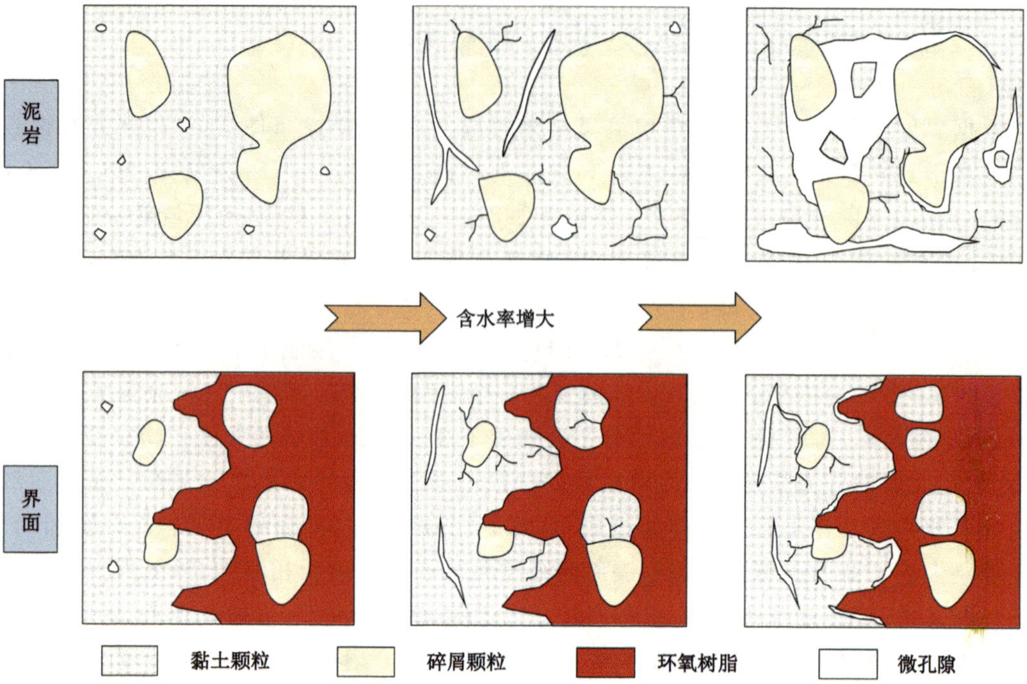

图 7-31 泥岩与界面微观结构随含水率变化特征

对于界面部分，除上述 3 种胶结方式外，还有树脂与各矿物成分间的胶结，在环氧树脂黏结作用下泥岩表面微结构被进一步加固，故干燥条件下界面力学性能相对泥岩部分有一定提升。在低含水率条件下，树脂与泥岩间仍保有较好的黏结能力，且树脂会填充泥岩部分在水化作用下产生的微孔隙。而在高含水率下，受泥岩表面脱黏矿物颗粒及自由水影响，树脂与泥岩间黏结能力发生弱化，开始出现脱黏现象，但二者间黏结能力并未完全丧失，且部分脱黏矿物颗粒在树脂作用下会重新胶结在一起，因此界面微结构力学性能衰减幅度小于泥岩部分。

参考文献

[1] 何满潮. 深部建井力学研究进展[J]. 煤炭学报,2021,46(3):726-746.

[2] 谢和平. 深部岩体力学与开采理论研究进展[J]. 煤炭学报,2019,44(5):1283-1305.

[3] 颜丙乾,任奋华,蔡美峰,等. THMC多场耦合作用下岩石物理力学性能与本构模型研究综述[J]. 工程科学学报,2020,42(11):1389-1399.

[4] 赵增辉,杨鹏,张明忠,等. 水环境和非均匀地压联合作用下弱胶结软岩巷道围岩稳定性解析[J]. 采矿与安全工程学报,2022,39(1):126-135.

[5] 谢克昌. 中国煤炭清洁高效可持续开发利用战略研究[M]. 北京:科学出版社,2014.

[6] 中国能源中长期发展战略研究项目组. 中国能源中长期(2030、2050)发展战略研究[M]. 北京:科学出版社,2011.

[7] 经纬,郭瑞,杨仁树,等. 考虑岩石流变及应变软化的深部巷道围岩变形理论分析[J]. 采矿与安全工程学报,2021,38(3):538-546.

[8] 孟庆彬,韩立军,乔卫国,等. 泥质弱胶结软岩巷道变形破坏特征与机理分析[J]. 采矿与安全工程学报,2016,33(6):1014-1022.

[9] 谌文武,林高潮,刘伟,等. 全风化灰绿色及红色泥岩物理力学性质对比研究[J]. 岩石力学与工程学报,2016,35(12):2572-2582.

[10] 陈子全,何川,董唯杰,等. 北疆侏罗系与白垩系泥质砂岩物理力学特性对比分析及其能量损伤演化机制研究[J]. 岩土力学,2018,39(8):2873-2885.

[11] 李回贵,李化敏,汪华君,等. 弱胶结砂岩的物理力学特征及定义[J]. 煤炭科学技术,2017,45(10):1-7.

[12] 孙利辉,纪洪广,杨本生. 西部典型矿区弱胶结地层岩石的物理力学性能特征[J]. 煤炭学报,2019,44(3):866-874.

[13] DELAGE P. Microstructure features in the behaviour of engineered barriers for nuclear waste disposal[C]//Experimental Unsaturated Soil Mechanics, Berlin, Heidelberg:Springer Berlin Heidelberg,2007.

[14] YU W J,LI K,LIU Z,et al. Mechanical characteristics and deformation control of surrounding rock in weakly cemented siltstone[J]. Environmental earth sciences, 2021,80(9):1-15.

[15] 宋朝阳,宁方波. 弱胶结类岩石细观结构参数与其宏观力学行为的关联性研究进展[J]. 金属矿山,2018(12):1-9.

[16] GAUTAM T P,SHAKOOR A. Slaking behavior of clay-bearing rocks during a one-

year exposure to natural climatic conditions[J]. Engineering geology, 2013, 166: 17-25.

[17] HE M C, ZHAO J, FANG Z J. First-principles study of atomic and electronic structures of kaolinite in soft rock[J]. Chinese physics B, 2012, 21(3): 039101.

[18] 李桂臣,孙长伦,何锦涛,等. 软弱泥岩遇水强度弱化特性宏细观模拟研究[J]. 中国矿业大学学报,2019,48(5):935-942.

[19] 许宏发. 软岩强度和弹模的时间效应研究[J]. 岩石力学与工程学报,1997,16(3):246-251.

[20] CHARALAMPIDOU E M, HALL S A, STANCHITS S, et al. Characterization of shear and compaction bands in a porous sandstone deformed under triaxial compression[J]. Tectonophysics, 2011, 503(1/2): 8-17.

[21] 邓华锋,原先凡,李建林,等. 软岩三轴加-卸载试验的破坏特征及抗压强度取值方法研究[J]. 岩土力学,2014,35(4):959-964.

[22] 郭富利,张顶立,苏洁,等. 地下水和围压对软岩力学性质影响的试验研究[J]. 岩石力学与工程学报,2007,26(11):2324-2332.

[23] 赵永川,杨天鸿,肖福坤,等. 西部弱胶结砂岩循环载荷作用下塑性应变能变化规律[J]. 煤炭学报,2015,40(8):1813-1819.

[24] 曾鹏,刘阳军,纪洪广,等. 单轴压缩下粗砂岩临界破坏的多频段声发射耦合判据和前兆识别特征[J]. 岩土工程学报,2017,39(3):509-517.

[25] 刘新荣,李栋梁,张梁,等. 干湿循环对泥质砂岩力学特性及其微细观结构影响研究[J]. 岩土工程学报,2016,38(7):1291-1300.

[26] WANG L, SU H M, QIN Y, et al. Study on dynamic constitutive model of weakly consolidated soft rock in western China[J]. Shock and vibration, 2020, 2020(1): 8865013.

[27] 王宇,李建林,邓华锋,等. 软岩三轴卸荷流变力学特性及本构模型研究[J]. 岩土力学,2012,33(11):3338-3344.

[28] 陈卫忠,谭贤君,吕森鹏,等. 深部软岩大型三轴压缩流变试验及本构模型研究[J]. 岩石力学与工程学报,2009,28(9):1735-1744.

[29] XIONG Y L, YANG Q L, ZHANG S, et al. Thermo-elastoplastic model for soft rock considering effects of structure and overconsolidation[J]. Rock mechanics and rock engineering, 2018, 51(12): 3771-3784.

[30] LIU J S, JING H W, MENG B, et al. A four-element fractional creep model of weakly cemented soft rock[J]. Bulletin of engineering geology and the environment, 2020, 79(10): 5569-5584.

[31] WANG Z K, LI W P, CHEN J F. Application of various nonlinear models to predict the uniaxial compressive strength of weakly cemented Jurassic rocks[J]. Natural resources research, 2022, 31(1): 371-384.

[32] 刘开云,薛永涛,周辉. 基于改进 Bingham 模型的软岩参数非定常三维非线性黏弹塑

性蠕变本构研究[J]. 岩土力学，2018，39(11)：4157-4164.
[33] 赵光明，谢理想，孟祥瑞. 软岩的动态力学本构模型[J]. 爆炸与冲击，2013，33(2)：126-132.
[34] 谢理想，赵光明，孟祥瑞. 岩石在冲击载荷下的过应力本构模型研究[J]. 岩石力学与工程学报，2013，32(增1)：2772-2781.
[35] 孟庆彬，王杰，韩立军，等. 极弱胶结岩石物理力学特性及本构模型研究[J]. 岩土力学，2020，41(增刊1)：19-29.
[36] 刘长武，陆士良. 泥岩遇水崩解软化机理的研究[J]. 岩土力学，2000，21(1)：28-31.
[37] 周翠英，邓毅梅，谭祥韶，等. 饱水软岩力学性质软化的试验研究与应用[J]. 岩石力学与工程学报，2005，24(1)：33-38.
[38] 周翠英，谭祥韶，邓毅梅，等. 特殊软岩软化的微观机制研究[J]. 岩石力学与工程学报，2005，24(3)：394-400.
[39] 左清军，朱盛，张中君，等. 水化作用下白垩系砂岩崩解特性及耗散能分析[J]. 工程地质学报，2022，30(1)：187-196.
[40] 刘晓明，赵明华，苏永华. 软岩崩解分形机制的数学模拟[J]. 岩土力学，2008，29(8)：2043-2046.
[41] 苏永华，刘晓明，赵明华. 软岩崩解物颗粒分布特征研究[J]. 土木工程学报，2006，39(5)：102-106.
[42] 苏永华，赵明华，刘晓明. 软岩膨胀崩解试验及分形机理[J]. 岩土力学，2005，26(5)：728-732.
[43] 黄明，詹金武. 酸碱溶液环境中软岩的崩解试验及能量耗散特征研究[J]. 岩土力学，2015，36(9)：2607-2612.
[44] 乔丽苹，刘建，冯夏庭. 砂岩水物理化学损伤机制研究[J]. 岩石力学与工程学报，2007，26(10)：2117-2124.
[45] 郭宏云，赵健，柳培玉. 深部软岩与水作用后的强度软化特性及化学分析[J]. 岩石力学与工程学报，2018，37(增1)：3374-3381.
[46] 周翠英，李伟科，向中明，等. 水-应力作用下软岩细观结构摩擦接触分析[J]. 岩土力学，2015，36(9)：2458-2466.
[47] ZHOU M L，LI J L，LUO Z S，et al. Impact of water-rock interaction on the pore structures of red-bed soft rock[J]. Scientific reports，2021，11(1)：7398.
[48] 孟祥喜. 水岩作用下岩石损伤演化规律基础试验研究[D]. 青岛：山东科技大学，2018.
[49] ZHANG N，HE M C，LIU P Y. Water vapor sorption and its mechanical effect on clay-bearing conglomerate selected from China[J]. Engineering geology，2012，141：1-8.
[50] ERGULER Z A，ULUSAY R. Water-induced variations in mechanical properties of clay-bearing rocks[J]. International journal of rock mechanics and mining sciences，2009，46(2)：355-370.

[51] WASANTHA P L P,RANJITH P G. Water-weakening behavior of Hawkesbury sandstone in brittle regime[J]. Engineering geology,2014,178:91-101.

[52] 窦子豪,赵志宏,高天阳,等. 水岩作用下花岗岩裂隙剪切力学特性演化规律[J]. 清华大学学报(自然科学版),2021,61(8):792-798.

[53] 朱敏,邓华锋,周时,等. 水岩作用下砂岩断裂韧度及抗拉强度的试验研究[J]. 三峡大学学报(自然科学版),2012,34(5):34-38.

[54] 方杰,姚强岭,王伟男,等. 含水率对泥质粉砂岩强度损伤及声发射特征影响的研究[J]. 煤炭学报,2018,43(增刊2):412-419.

[55] 姚强岭,王伟男,杨书懿,等. 含水率影响下砂质泥岩直剪特性及声发射特征[J]. 煤炭学报,2021,46(9):2910-2922.

[56] 黄智刚,左清军,吴立,等. 水岩作用下泥质板岩软化非线性机制研究[J]. 岩土力学,2020,41(9):2931-2942.

[57] HASHIBA K,FUKUI K. Effect of water on the deformation and failure of rock in uniaxial tension[J]. Rock mechanics and rock engineering,2015,48(5):1751-1761.

[58] BAO T S,HASHIBA K,FUKUI K. Effect of water saturation on the Brazilian tension test of rocks[J]. Materials transactions,2021,62(1):48-56.

[59] KARAKUL H,ULUSAY R. Empiricalcorrelations for predicting strength properties of rocks from P-wave velocity under different degrees of saturation[J]. Rock mechanics and rock engineering,2013,46(5):981-999.

[60] LUO Z S,LI J L,JIANG Q,et al. Effect of the water-rock interaction on the creep mechanical properties of the sandstone rock[J]. Periodica polytechnica civil engineering,2018,62(2):451-461.

[61] YAO W M,LI C D,ZHAN H B,et al. Multiscale study of physical and mechanical properties of sandstone in Three Gorges Reservoir Region subjected to cyclic wetting-drying of Yangtze River water[J]. Rock mechanics and rock engineering,2020,53(5):2215-2231.

[62] 沈荣喜,李太训,李红儒,等. 干燥和饱水裂隙砂岩破坏电磁辐射特征研究[J]. 中国矿业大学学报,2020,49(4):636-645.

[63] 刘建,乔丽苹,李鹏. 砂岩弹塑性力学特性的水物理化学作用效应:试验研究与本构模型[J]. 岩石力学与工程学报,2009,28(1):20-29.

[64] 尤明庆,陈向雷,苏承东. 干燥及饱水岩石圆盘和圆环的巴西劈裂强度[J]. 岩石力学与工程学报,2011,30(3):464-472.

[65] 陈光波,张俊文,李谭,等. 水岩作用下煤岩组合体力学特性损伤劣化机制[J]. 煤炭学报,2021,46(增2):701-712.

[66] 牛钦环. 含水煤样剪切破坏损伤规律试验研究[D]. 徐州:中国矿业大学,2017.

[67] 邓华锋,齐豫,李建林,等. 水-岩作用下断续节理砂岩力学特性劣化机理[J]. 岩土工程学报,2021,43(4):634-643.

[68] 苗胜军，蔡美峰，冀东，等. 酸性化学溶液作用下花岗岩力学特性与参数损伤效应[J]. 煤炭学报，2016，41(4)：829-835.

[69] 冯佰研，付厚利，秦哲，等. 水岩作用下露天矿坑蚀变岩三轴压缩试验分析[J]. 地质与勘探，2016，52(3)：564-569.

[70] 冯佰研，秦哲，牛传星，等. 水岩作用下露天矿蚀变岩石力学试验研究[J]. 煤炭科学技术，2016，44(3)：39-43.

[71] 王文，李化敏，袁瑞甫，等. 动静组合加载含水煤样的力学特征及细观力学分析[J]. 煤炭学报，2016，41(3)：611-617.

[72] 王文，李化敏，顾合龙. 三维动静组合加载含水煤样强度特征试验研究[J]. 岩石力学与工程学报，2017，36(10)：2406-2414.

[73] 王文，张世威，LIU K，等. 真三轴动静组合加载饱水煤样动态强度特征研究[J]. 岩石力学与工程学报，2019，38(10)：2010-2020.

[74] LU Y H，LI Y C，WU Y K，et al. Characterization of shale softening by large volume-based nanoindentation[J]. Rock mechanics and rock engineering，2020，53(3)：1393-1409.

[75] DOU Z H，GAO T Y，ZHAO Z H，et al. Effect of immersion duration on shear behavior of granite fractures[J]. Rock mechanics and rock engineering，2021，54(9)：4809-4823.

[76] ZHANG M C，NIE R S. Experimental investigation on the influence of water content on the mechanical properties of coal under conventional triaxial compression[J]. Shock and vibration，2020，2020(1)：8872438.

[77] 康红普. 我国煤矿巷道锚杆支护技术发展 60 年及展望[J]. 中国矿业大学学报，2016，45(6)：1071-1081.

[78] 康红普. 我国煤矿巷道围岩控制技术发展 70 年及展望[J]. 岩石力学与工程学报，2021，40(1)：1-30.

[79] 尤春安. 锚固系统应力传递机理理论及应用研究[D]. 青岛：山东科技大学，2004.

[80] 冯晓巍. 全长锚固系统失效机制及耐久性探究[D]. 徐州：中国矿业大学，2017.

[81] 康红普，范明建，高富强，等. 超千米深井巷道围岩变形特征与支护技术[J]. 岩石力学与工程学报，2015，34(11)：2227-2241.

[82] 靖洪文，吴疆宇，孟波，等. 深部矩形底煤巷围岩破坏失稳全过程宏细观演化特征研究[J]. 采矿与安全工程学报，2022，39(1)：82-93.

[83] 靖洪文，尹乾，朱栋，等. 深部巷道围岩锚固结构失稳破坏全过程试验研究[J]. 煤炭学报，2020，45(3)：889-901.

[84] 黄炳香，张农，靖洪文，等. 深井采动巷道围岩流变和结构失稳大变形理论[J]. 煤炭学报，2020，45(3)：911-926.

[85] 张农，李桂臣，许兴亮. 顶板软弱夹层渗水泥化对巷道稳定性的影响[J]. 中国矿业大学学报，2009，38(6)：757-763.

[86] 李桂臣.软弱夹层顶板巷道围岩稳定与安全控制研究[D].徐州:中国矿业大学,2008.

[87] 李怀珍.煤巷非全长锚固单元体锚杆滑移脱粘机理及应用研究[D].徐州:中国矿业大学,2018.

[88] 高强,张强勇,张绪涛,等.深部洞室开挖卸荷分区破裂机制的动力分析[J].岩土力学,2018,39(9):3181-3194.

[89] 周小平,钱七虎.深埋巷道分区破裂化机制[J].岩石力学与工程学报,2007,26(5):877-885.

[90] 尤春安,战玉宝.预应力锚索锚固段界面滑移的细观力学分析[J].岩石力学与工程学报,2009,28(10):1976-1985.

[91] 吴拥政,褚晓威,吴建星,等.强力锚杆杆体断裂失效的微细观试验研究[J].煤炭学报,2017,42(3):574-581.

[92] 吴拥政,康红普.强力锚杆杆体尾部破断机理研究[J].煤炭学报,2013,38(9):1537-1541.

[93] 庞冬冬,马海峰,庞大伟.煤巷肩窝锚杆破断崩落机理分析及控制[J].煤矿安全,2015,46(4):185-188.

[94] 肖同强,李怀珍,徐营,等.深部构造应力区煤巷肩角锚杆破断机制及控制[J].岩土力学,2013,34(8):2303-2308.

[95] 孔恒,王梦恕,马念杰,等.锚杆尾部的破断机理研究[J].岩石力学与工程学报,2003,22(3):383-386.

[96] 孔恒,马念杰,王梦恕,等.新型金属粗尾锚杆的防破断机理[J].煤,2002,11(2):4-7.

[97] 曾宪明,雷志梁,张文巾,等.关于锚杆"定时炸弹"问题的讨论:答郭映忠教授[J].岩石力学与工程学报,2002,21(1):143-147.

[98] 汪剑辉,曾宪明,赵强.多因素耦合腐蚀环境下锚杆腐蚀机制试验研究[J].施工技术,2006,35(11):30-33.

[99] 肖玲,李长松,曾宪明,等.承载锚杆与非承载锚杆腐蚀力学性能对比试验研究[J].岩石力学与工程学报,2007,26(4):720-726.

[100] TSUTSUMI Y,NISHIKATA A,TSURU T. Pitting corrosion mechanism of type 304 stainless steel under a droplet of chloride solutions[J]. Corrosion science,2007,49(3):1394-1407.

[101] HADJIGEORGIOU J,DORION J,GHALI E. Support system performance under different corrosion conditions[J]. Journal of the South African Institute of Mining and Metallurgy,2008,108(6):359-365.

[102] AZIZ N,CRAIG P,NEMCIK J,et al. Rock bolt corrosion:an experimental study[J]. Mining technology,2014,123(2):69-77.

[103] CRAIG P,SERKAN S,HAGAN P,et al. Investigations into the corrosive environments contributing to premature failure of Australian coal mine rock bolts[J]. International journal of mining science and technology,2016,26(1):59-64.

[104] WU S S, RAMANDI H L, CHEN H H, et al. Mineralogically influenced stress corrosion cracking of rockbolts and cable bolts in underground mines [J]. International journal of rock mechanics and mining sciences, 2019, 119: 109-116.

[105] DIVI S, CHANDRA D, DAEMEN J. Corrosion susceptibility of potential rock bolts in aerated multi-ionic simulated concentrated water[J]. Tunnelling and underground space technology, 2011, 26(1): 124-129.

[106] 褚晓威，鞠文君，付玉凯. 高矿化度矿井水中螺纹钢锚杆点蚀机制研究[J]. 矿业科学学报，2021，6(3)：305-313.

[107] 付宏渊，陈长睿，陈昌富，等. Cl^- 环境下锚杆腐蚀过程及锚固边坡稳定性分析[J]. 中外公路，2021，41(6)：1-5.

[108] 王小伟，朱杰兵，李聪. pH 和 O_2 协同作用下预应力锚杆腐蚀损伤行为试验研究[J]. 岩土力学，2019，40(11)：4306-4312.

[109] 吴赛赛，朱昊天，张雯，等. 矿山多属性环境协同作用对锚杆腐蚀的影响[J]. 金属矿山，2020(5)：132-136.

[110] 李聪，朱杰兵，卢波，等. 加速腐蚀试验在锚杆耐久性研究中的应用进展[J]. 人民长江，2017，48(14)：59-64.

[111] 郑重远，黄乃炯. 树脂锚杆及锚固剂[M]. 北京：煤炭工业出版社，1983.

[112] 勾攀峰，陈启永，张盛. 钻孔淋水对树脂锚杆锚固力的影响分析[J]. 煤炭学报，2004，29(6)：680-683.

[113] 胡滨，康红普，林健，等. 水对树脂锚杆锚固性能影响研究[J]. 煤矿开采，2013(5)：44-47.

[114] 薛亚东，黄宏伟. 水对树脂锚索锚固性能影响的试验研究[J]. 岩土力学，2005，26(增刊)：31-34.

[115] 杨绿刚. 防水树脂锚固剂的试验研究[J]. 煤矿安全，2008，39(3)：11-13.

[116] 何富连，严红，杨绿刚，等. 淋水碎裂顶板煤巷锚固试验研究与实践[J]. 岩土力学，2011，32(9)：2591-2595.

[117] 贾后省，王璐瑶，刘少伟，等. 巷道含水软岩顶板锚索树脂锚固增效方法[J]. 岩石力学与工程学报，2019，38(5)：938-947.

[118] 许兴亮，张农，田素川，等. 一种不规则易破碎煤岩块的试件制备方法：CN102866050A[P]. 2013-01-09.

[119] 袁航，石辉. 矿井水资源利用的研究进展与展望[J]. 水资源与水工程学报，2008，19(5)：50-57.

[120] 周维垣. 高等岩石力学[M]. 北京：水利电力出版社，1990.

[121] 朱效嘉. 膨胀性软岩[J]. 矿业科学技术，1997(1)：26-33.

[122] 钱家欢，殷宗泽. 土工原理与计算[M]. 2 版. 北京：中国水利水电出版社，1996.

[123] 侯朝炯团队. 巷道围岩控制[M]. 徐州：中国矿业大学出版社，2013.

[124] 刘晓丽，王思敬，王恩志，等. 含时间效应的膨胀岩膨胀本构关系[J]. 水利学报，2006，

37(2):195-199.

[125] 齐亚静,姜清辉,王志俭,等.改进西原模型的三维蠕变本构方程及其参数辨识[J].岩石力学与工程学报,2012,31(2):347-355.

[126] 季明,高峰,高亚楠,等.灰质泥岩遇水膨胀的时间效应研究[J].中国矿业大学学报,2010,39(4):511-515.

[127] 孙钧.岩土材料流变及其工程应用[M].北京:中国建筑工业出版社,1999.

[128] 张妹珠,江权,王雪亮,等.破裂大理岩锚注加固试样的三轴压缩试验及加固机制分析[J].岩土力学,2018,39(10):3651-3660.

[129] 王斌,宁勇,冯涛,等.低应变率加载速度影响脆性岩体锚固效果的试验研究[J].煤炭学报,2019,44(9):2691-2699.

[130] 滕俊洋,唐建新,李欣怡.含孔洞加锚岩石力学特性及裂纹扩展规律[J].岩石力学与工程学报,2018,37(1):87-103.

[131] 赵奎,冉珊瑚,曾鹏,等.含水率对红砂岩特征应力及声发射特性的影响[J].岩土力学,2021,42(4):899-908.

[132] SHIOTANI T,OHTSU M,IKEDA K. Detection and evaluation of AE waves due to rock deformation[J]. Construction and building materials,2001,15(5/6):235-246.

[133] AZIZ N. A new technique to determine the load transfer capacity of resin anchored bolts[C]//Coal operators' conference,Wollongong,2002.

[134] 申辉,刘亚群,刘博,等.岩石节理剪切力学特性的非线性理论模型研究[J].岩石力学与工程学报,2021,40(12):2421-2433.

[135] ZHANG X P,ZHANG Q,WU S C. Acoustic emission characteristics of the rock-like material containing a single flaw under different compressive loading rates[J]. Computers and geotechnics,2017,83:83-97.

[136] YIN P F,YANG S Q. Discrete element modeling of strength and failure behavior of transversely isotropic rock under uniaxial compression[J]. Journal of the geological society of India,2019,93(2):235-246.

[137] HUANG Y H,YANG S Q,RANJITH P G,et al. Strength failure behavior and crack evolution mechanism of granite containing pre-existing non-coplanar holes: experimental study and particle flow modeling[J]. Computers and geotechnics,2017,88:182-198.

[138] ZHANG S H,WU S C,DUAN K. Study on the deformation and strength characteristics of hard rock under true triaxial stress state using bonded-particle model[J]. Computers and geotechnics,2019,112:1-16.

[139] 丛怡,丛宇,张黎明,等.大理岩加、卸荷破坏过程的三维颗粒流模拟[J].岩土力学,2019,40(3):1179-1186.

[140] 杜坤,李夕兵,董陇军,等.复杂预应力路径和异源动力扰动下岩石破裂机制研究[J].岩石力学与工程学报,2015,34(增2):4047-4053.

[141] 汪杰，付建新，宋卫东，等. 岩石-充填体组合模型力学特性及微裂纹演化特征颗粒流模拟[J]. 中国矿业大学学报，2020，49(3)：453-462.

[142] 马春驰，李天斌，陈国庆，等. 硬脆岩石的微观颗粒模型及其卸荷岩爆效应研究[J]. 岩石力学与工程学报，2015，34(2)：217-227.

[143] ITASCA. PFC3D(particle flow code in three dimensions) version 5.0：theory and background[R]. Minneapolis：Itasca Consulting Group，2016.

[144] DING X B，ZHANG L Y，ZHU H H，et al. Effect of model scale and particle size distribution on PFC3D simulation results[J]. Rock mechanics and rock engineering，2014，47(6)：2139-2156.

[145] 丛宇，王在泉，郑颖人，等. 基于颗粒流原理的岩石类材料细观参数的试验研究[J]. 岩土工程学报，2015，37(6)：1031-1040.

[146] 石崇，张强，王盛年. 颗粒流(PFC5.0)数值模拟技术及应用[J]. 岩土力学，2018，39(增刊2)：36.

[147] ZENG Q，W U Y K，LIU Y Q，et al. Determining the micro-fracture properties of Antrim gas shale by an improved micro-indentation method[J]. Journal of natural gas science and engineering，2019，62：224-235.

[148] SHI X，JIANG S，LU S F，et al. Investigation of mechanical properties of bedded shale by nanoindentation tests：a case study on Lower Silurian Longmaxi Formation of Youyang area in southeast Chongqing，China[J]. Petroleum exploration and development，2019，46(1)：163-172.

[149] OLIVER W C，PHARR G M. An improved technique for determining hardness and elastic modulus using load and displacement sensing indentation experiments[J]. Journal of materials research，1992，7(6)：1564-1583.

[150] 李桂臣，李菁华，孙元田，等. 泥岩多尺度模型与水岩作用特性研究进展[J]. 煤炭学报，2022，47(3)：1138-1154.

[151] 孙长伦，李桂臣，许嘉徽，等. 砂岩矿物组分流变特性纳米压痕实验研究[J]. 岩石力学与工程学报，2021，40(1)：77-87.